I0058434

Abhandlungen

der Bayerischen Akademie der Wissenschaften

Mathematisch - naturwissenschaftliche Abteilung

XXXII. Band, 3. Abhandlung

Ergebnisse der Forschungsreisen Prof. E. Stromers in den Wüsten Ägyptens

V. Tertiäre Wirbeltiere

2. Die Welse des ägyptischen Alttertiärs nebst einer kritischen Übersicht über alle fossilen Welse

von

B. Peyer

Mit 6 Doppeltafeln und 16 Textfiguren

Vorgetragen am 7. Juli 1928

München 1928

Verlag der Bayerischen Akademie der Wissenschaften

in Kommission des Verlags R. Oldenbourg München

Einleitung.

In erster Linie habe ich an dieser Stelle meinem verehrten Lehrer Prof. E. Stromer v. Reichenbach aufrichtig dafür zu danken, daß er mir Gelegenheit geboten hat, das schöne, zum Teil von ihm persönlich, zum Teil von seinem Sammler R. Markgraf in Ägypten gesammelte Material von fossilen Welsen zu bearbeiten. Sodann gilt mein Dank den Herren Prof. Dr. Drevermann, Frankfurt a. M., Prof. Dr. Deecke in Freiburg i. Br., dem Vorstand des Naturalienkabinettes in Stuttgart und Herrn Dr. A. Smith-Woodward, dem damaligen Vorstand der paläontologischen Abteilung des Britischen Museums in London. Alle die genannten Herren haben mir die Untersuchung und Bearbeitung der ägyptischen fossilen Welse in den ihnen unterstellten Sammlungen freundlichst gestattet. Herrn Dr. W. Weiler in Worms bin ich dafür sehr zu Dank verpflichtet, daß er zu meinen Gunsten auf die Bearbeitung des Arius-Schädels aus der Mokattam-Stufe von Kairo verzichtete.

Die Untersuchung des fossilen Materiales war, mit Ausnahme der Bearbeitung des genannten Arius-Schädels, schon vor längerer Zeit abgeschlossen. Die Fertigstellung der Arbeit verzögerte sich dadurch, daß eine eingehende Vergleichung der fossilen mit rezenten Welsen notwendig wurde. Ein längerer Aufenthalt in London bot dafür eine günstige Gelegenheit.

Herr C. Tate Regan, Keeper of Zoology am British Museum of Natural History, South Kensington, London, gestattete mir in liebenswürdiger Weise die Benützung der reichen Sammlungen; sein Assistent, Herr Norman, half mir jederzeit aufs freundlichste. Ebenso habe ich den damaligen Vorständen des Münchner zoologischen Instituts und der zoologischen Sammlung, Herrn Geheimrat R. v. Hertwig und Prof. Zimmer zu danken für genossene Gastfreundschaft in Institut und Sammlung.

Die Abbildungen sind zum größten Teil das Werk des inzwischen verstorbenen Münchener Universitätszeichners Herrn A. Birkmaier, eines wahren Künstlers in seinem Fache. Die Abbildungen der im britischen Museum befindlichen Reste von *Socnopaea* verdanke ich G. M. Woodward.

I. Übersicht über die Systematik der rezenten Welse.

Die erste umfangreichere Bearbeitung in systematischer Hinsicht erfuhren die Welse durch CUVIER und VALENCIENNES, Histoire Naturelle des Poissons, Vol. 14, 1839, Vol. 15, 1840. Die nächste zusammenfassende systematische Behandlung der Siluriden erfolgte dann durch GÜNTHER, Catalogue of the Fishes in the British Museum, Vol. V, London 1864. GÜNTHER teilte die Familie der *Siluridae* in die acht Unterfamilien der *Homalopterae, Heteropterae, Anomalopterae, Proteropterae, Stenobranchiae, Proteropodes, Opisthopterae* und *Branchicolae.* Während diese Unterfamilien nur zum Teil den natürlichen Zusammenhängen gerecht werden, ist dies bei den Gruppen (groups), in welche GÜNTHER die Unterfamilien zerlegt, in viel höherem Maße der Fall. Manche dieser Gruppen konnten darum auch in den späteren systematischen Gruppierungen der Welse beibehalten werden.

Unter den Beiträgen zur Vergleichenden Anatomie der Fische von SAGEMEHL wurde die dritte Arbeit, „Das Cranium der Characiniden nebst allgemeinen Bemerkungen über die mit einem WEBER'schen Apparat versehenen *Physostomen*-Familien auch für die Siluriden bedeutsam, indem sie damit ihren sicheren Platz innerhalb der Ostariophysen erhielten. Die systematischen Gruppierungen der Welse durch GILL (1872), C. u. R. EIGENMANN (1890), BOULENGER (1904) geben laut C. T. REGAN (1911) in der Hauptsache die GÜNTHER'sche Systematik wieder, unter Erhebung der GÜNTHER'schen Gruppen zum Range von Familien, wobei C. u. R. EIGENMANN die südamerikanischen Familien nach Unterschieden von Schwimmblase und Wirbelsäule charakterisieren, BOULENGER die Formen mit lauter sessilen Rippen zu einer Familie vereinigt, der er als zweite Familie alle übrigen Siluriden gegenüberstellt; diese zweite Familie wird in acht Subfamilien eingeteilt. Zur Kenntnis des Siluridenskelettes und zum Ausbau der osteologischen Nomenclatur trugen bei die Arbeiten von R. Ramsay WRIGHT (1884), (1884a), (1885), KOSCHKAROFF (1907) und SCHELAPUTIN (1905) und andern. 1893 erschien in den Philosophical Transactions die umfangreiche gründliche Untersuchung der Schwimmblase und des WEBER'schen Apparates bei Welsen durch T. W. BRIDGE und A. C. HADDON. In ihr ist die systematische Gruppierung der Welse nach GÜNTHER beibehalten; die sorgfältige, auch zahlreiche osteologische Details behandelnde Untersuchung bedeutete eine wertvolle Vorarbeit für eine Neuordnung der Welse nach den Prinzipien einer natürlichen Systematik. Eine solche Neuordnung unternahm C. T. REGAN (1911). Er unterscheidet die *Siluroidea* (Unterordnung der *Ostariophysi*) in 23 Familien, zu deren Charakterisierung neben den äußerlich sichtbaren Merkmalen auch das Skelett herangezogen wird[1].

Als ursprünglichste Familie werden die *Diplomystidae* an den Anfang gestellt auf Grund des bezahnten Maxillare und des losen Zusammenhanges des fünften Wirbels mit der Vertebra complexa (welche aus dem verschmolzenen zweiten, dritten und vierten Wirbel besteht). Weiter folgen die *Ariidae, Doradidae, Plotosidae, Siluridae, Bagridae, Amiuridae, Amblycepidae, Sisoridae, Amphilidae, Chacidae, Schilbeidae, Clariidae, Pangasiidae, Synodontidae, Malopteruridae, Pimelodidae, Helogenidae, Hypophthalmidae, Trichomycteridae, Bunocephalidae, Callichthydae* und *Loricariidae.*

---

[1] Seine osteologische Charakterisierung der Welse habe ich in deutscher Übersetzung der Übersicht über die fossilen Formen vorausgeschickt.

Als in vieler Hinsicht ursprüngliche, durch das Fehlen eines Mesocoracoides aber differenzierte Formen erscheinen die *Ariidae* und *Doradidae*. Ihnen folgen die *Plotosidae*. Aus den *Bagridae* haben sich laut Tate Regan eine Anzahl altweltlicher Familien entwickelt, wie die *Amblycepidae, Sisoridae, Amphiliidae, Chacidae, Schilbeidae, Clariidae, Pangansiidae, Synodontidae* und *Malopteruridae*.

Die *Pimelodidae* vertreten die Bagriden in Südamerika. Ihnen werden angereiht die *Helogenidae, Hypophthalmidae, Trichomycteridae* und *Bunocephalidae*. Am Schluß stehen die hochspezialisierten *Callichthyidae* und *Loricariidae*.

Für die Paläontologen ist an dieser systematischen Zusammenstellung besonders wertvoll, daß das Skelett in weitgehender Weise berücksichtigt wird. Leider dürften sich manche der verwendeten osteologischen Kriterien, wie z. B. das Vorhandensein oder Fehlen eines Pterygoides, wohl nur äußerst selten an fossilen Fundstücken nachprüfen lassen.

Gestützt auf Untersuchungen der Flossenstacheln schlug ich 1922 vor, *Siluroidea* und *Loricarioidea* auseinanderzuhalten; die *Loricarioidea* ausgezeichnet durch den Besitz von echten Hautzähnchen. Auf Grund des mir damals zu Gebote stehenden Materiales sprach ich auch die Vermutung aus, daß mit dem Besitz von echten Hautzähnchen ein besonderer, einfacher Bau der Flossenstacheln verbunden sei. Eine an dem reicheren Material des British Museum vorgenommene Nachuntersuchung hat diese Vermutung nicht bestätigt; der für die eigentlichen Welse charakteristische Aufbau der Flossenstacheln kann gelegentlich auch bei Formen mit echten Hautzähnchen, wie den *Loricariiden*, vorkommen. Formen wie *Trichomycterus* und *Nematogenys*, bei welchen die echten Hautzähnchen auf wenige Stellen beschränkt sind, könnten uns an eine Rückbildung eines früher besser ausgebildeten Kleides von Hautzähnchen denken lassen; allein dem ist entgegenzuhalten, daß die *Loricariiden* in vieler Hinsicht zweifellos sehr stark spezialisierte Formen sind, aus denen die andern Welse, welche keine echten Hautzähnchen besitzen, unmöglich abgeleitet werden können. Dazu kommt, daß die andern Ostariophysen, mit denen die Welse zweifellos eine natürlich abgegrenzte Ordnung bilden, keine echten Hautzähnchen besitzen, dagegen in vieler Hinsicht sonst ursprünglicher sind, als die Welse. So ist es ausserordentlich schwer, sich über die Herkunft der echten Hautzähnchen bei gewissen Welsen eine befriedigende Vorstellung zu machen. Der Bau der Flossenstacheln ist nur in sehr bescheidenem Maße für die Systematik praktisch verwendbar.

II. Übersicht über die Funde fossiler Welse.

In seinem Catalogue of Fossil Fishes in the British Museum, Part. IV, S. 324 — 335, London 1901, hat A. S. Woodward alles verarbeitet, was bis zu diesem Zeitpunkt über fossile Siluriden bekannt geworden war. Ungefähr gleichzeitig hat Leriche (1901) eine Zusammenfassung der Funde und der Literatur nebst einer Übersicht über die geologische und geographische Verbreitung der fossilen Welse gegeben. Inzwischen sind über 25 Jahre vergangen. Neuere Funde sind hinzugekommen. Die Systematik der rezenten Welse ist, namentlich durch die Arbeit von Tate Regan (1911), verbessert worden. Dazu macht sich das Bedürfnis geltend, die systematisch unsicheren fossilen Arten und Gattungen, welche nur auf einzelne, oft nicht einmal vollständig erhaltene Flossenstacheln, oder auf einzelne

Wirbel hin errichtet worden sind, schärfer als bisher hervorzuheben. Ich folge bei der Aufzählung der systematischen Anordnungen von TATE REGAN. Von den älteren Literaturangaben zitiere ich nur das Notwendigste; hinsichtlich der vollständigen Literaturangaben sei auf den „Catalogue" von A. S. WOODWARD verwiesen. Zur Einleitung gebe ich die treffliche Diagnose wieder, welche A. S. WOODWARD im Anschluß an GÜNTHER's Diagnose der rezenten Welse unter stärkerer Betonung der osteologischen Merkmale formuliert und seiner Zusammenstellung vorausgeschickt hat:

Family *Siluridae.*

Supraoccipital bone prominent; otic region completely roofed by membrane-bones; brain case produced forwards between the orbits; cheek-plates much reduced. Symplectic bone absent; premaxilla extended, almost always excluding the maxilla from the upper border of the mouth; teeth very variable; lower pharyngeals rarely falciform and conspicuously toothed. Barbels present. Suboperculum usually absent, and branchiostegal rays few or wanting. Pectoral arch without distinct supraclavicle; a single dorsal fin often followed by an adipose dorsal on the tail. Trunk without scales, but often more or less armoured with bony scutes.

The existing members of this family are distributed in the freshwaters of all temperate and tropical regions, and a few are littoral marine species.

Von TATE REGAN (1911) werden die *Siluroidea* als Unterabteilung der Ordnung der Ostariophysen in 23 Familien angeordnet; die Charakterisierung der *Siluroidea* lautet folgendermaßen: Ostariophysen mit nacktem oder von Knochenplatten bedecktem Körper. Mund nicht vorstreckbar. Branchiostegalradien oft zahlreich. Parietalia, Symplecticum und Suboperculum fehlen. Zweiter, dritter und vierter Wirbel verschmolzen zur Bildung einer Vertebra complexa, mit welcher der fünfte Wirbel unbeweglich verbunden ist. Parapophysen mit den Wirbelkörpern verschmolzen. Epipleuralia und Epineuralia fehlen. Wie bei allen Ostariophysen, fehlt ein Basisphenoid. Dagegen ist ein Orbitosphenoid stets vorhanden; es grenzt oben an die Frontalia, unten an das Parasphenoid, vorn an die Ethmoidea lateralia, hinten an die Alisphenoide. Das Opisthoticum fehlt; die übrigen Ohrknochen sind vorhanden. Die Epiotica ragen selten vor, aber bei den Doradiden sind sie bedeutende Elemente des Schädeldaches. Die Praemaxillaria sind typischerweise fixiert, dagegen bei den *Callichthyidae* und *Loricariidae* beweglich mit dem Mesethmoid verbunden. Zuweilen erstrecken sich die bezahnten Praemaxillaria nach rückwärts bis zum Mundwinkel (Wallago, Ageniosus, Asterophysus), ihr hinterer Abschnitt kann als besonderer Knochen abgegliedert sein und so ein bezahntes Maxillare vortäuschen (*Eutropiichthys*). Bei Diplomystes ist das Maxillare distalwärts ausgedehnt und bezahnt; bei allen andern *Siluroidea* ist es zahnlos. Es dient nur als Basis einer Barbel. Bei *Eutropiichthys* trägt das kleine, zahnlose Maxillare eine Barbel und gelenkt mit dem Vorderende des Palatinum gerade wie bei dem nahe verwandten *Schilbichthys.* Das Palatinum gelenkt mit dem Ethmoidale laterale und trägt das Maxillare. Das Pterygoid, wenn überhaupt vorhanden, ist klein. Es verbindet das Palatinum mit dem Mesopterygoid. Das Metapterygoid ist stets gut entwickelt, durch Naht mit dem Quadratum und gewöhnlich auch mit dem Hyomandibulare verbunden. Operculum und Interoperculum sind stets vorhanden. Die Ossa pharyngea inferiora sind bezahnt, (ausgenommen bei einigen *Loricariiden*) getrennt, (ausgenommen bei

Hypophthalmus), einem einzigen Paare zahntragender Platten gegenüber gestellt, welche von den dritten und vierten Pharyngobranchiala getragen werden. Die ersten und zweiten Pharingobranchiala fehlen. Der Schultergürtel der *Siluroidea* ist sehr charakteristisch. Das Posttemporale, wenn vorhanden, ist eine kleine, fest mit dem Schädel verbundene Platte. Sie überlagert die Naht zwischen Epioticum und Pteroticum und erreicht das Supraoccipitale. Distal überlagert sie das proximale Ende des Supracleithrum, welches typisch gegabelt ist. Der obere Gabelast ist gewöhnlich stark mit dem Pteroticum und Epioticum verbunden, der untere mit dem Basioccipitale. Zuweilen fehlt der untere Gabelast (*Clariidae*, *Callichthyidae*, *Loricariidae*). Der distale Abschnitt („stem", corpus) des Supracleithrum ist jenseits der genannten Gabelung tief gespalten zur Bildung einer Grube für den Kopf des Cleithrum. Das Mesocoracoid ist gewöhnlich vorhanden, fehlt aber in drei Familien, den *Ariidae*, *Doradidae* und *Bunocephalidae*. Die Hypocoracoide bilden gewöhnlich eine verzahnte Symphyse hinter jener der Cleithra, aber bei gewissen Gruppen (*Siluridae*, *Trichomycteridae*) nehmen sie nach vorne und abwärts an Größe ab und bilden keine Symphyse. Die Zahl der pectoralen Radiala ist drei. Das erste ist kurz, die äußern sind mehr oder weniger verlängert. Das Zentrum des ersten Wirbels ist eine Scheibe, die mit dem Basioccipitale und der aus der Fusion des zweiten, dritten und vierten Wirbels gebildeten Vertebra complexa stark verbunden, oft sogar verschmolzen ist. Die erste Parapophyse ist diejenige des vierten Wirbels. Sie entspricht dem Os suspensorium der *Cyprinoiden*. Der fünfte Wirbel ist mit der Vertebra complexa fest verbunden. Seine Parapophysen geben ebenfalls der Schwimmblase Halt. Der sechste und die folgenden Wirbel tragen gewöhnlich Rippen, die an normalen Parapophysen befestigt sind, aber die vordern Rippen (*Pseudecheneis*, *Callichthys*, *Doumeinae*) oder alle Rippen (*Corydoras*, *Loricariidae*, *Bunocephalidae*) können festsitzen. Der für viele *Siluroidea* so charakteristische Nackenschild wird gebildet von einem Fortsatz des Supraoccipitale und von drei Platten, die Ausdehnungen der distalen Enden der „Interneuralia" (Basalia plus Radialia) der ersten drei Strahlen der Rückenflosse darstellen. Diese Knochen sind schräg nach oben und rückwärts gerichtet, sodaß der Flossenstrahl mit dem distalen Ende seines eigenen Radiale gelenkt und dazu dem oberen Teile des nächst hinteren Radiale auflagert. Wenn der zweite Dorsalstrahl einen Stachel bildet, so wird das dritte Interneurale vergrößert, um ihn zu tragen, während das zweite den kurzen vordern Stachel trägt und das erste frei ist. Zuweilen dehnt dieses sich zur Bildung der ersten Nuchalplatte aus. Die Schwimmblase unterscheidet sich, sofern sie wohl entwickelt ist, dadurch von jener der *Cyprinoiden*, daß sie nicht durch eine äußerliche Einschnürung, sondern durch eine innerliche Teilung in vordere und hintere Abteilungen getrennt ist. Die hintere Abteilung verliert ihre Ausdehnungsfähigkeit durch die Entwicklung von longitudinalen und queren Scheidewänden. Aus dem vordern Abschnitt geht der Ductus pneumaticus hervor. Gewöhnlich ist der vordere Abschnitt seitlich bis unter die Haut hinter der Brustflosse ausgedehnt. Er ist mit dem Tripus verbunden. Die Parapophyse des vierten Wirbels ist gewöhnlich geteilt in einen vordern Abschnitt, der abwärts gebogen und distal fest mit dem Corpus des Supracleithrum verbunden ist und in einen horizontalen, hintern Abschnitt. Diese Abschnitte geben der vordern und dorsalen Wand der vordern Schwimmblasenkammer Halt.

Ich habe diese ausführliche Beschreibung der *Siluroidea* von TATE REGAN deswegen in extenso angeführt, weil sie als osteologische Einleitung dienen mag, und weil ich für die Beschreibung der Fundstücke die von TATE REGAN verwendeten Bezeichnungen der Knochen übernommen habe.

Fossile Siluriden von nicht genauer bestimmbarer systematischer Stellung.

Unter dieser Gruppe sollen nur diejenigen Formen aufgeführt werden, für welche die Autoren auf eine Zuweisung zu bestimmten Welsgruppen verzichtet haben. Sind dagegen Welsresten von den Bearbeitern bestimmten rezenten Gattungen zugewiesen worden, ohne daß die Bestimmung nach dem vorliegenden Materiale genügend gesichert erscheint, so werden sie unter Hervorhebung der Unsicherheit der systematischen Stellung an den entsprechenden Stellen des Systemes aufgeführt werden. Nur fossil bekannte Gattungen oder Arten werden mit einem + bezeichnet.

+ *Bucklandium* KÖNIG
Bucklandium diluvii KÖNIG.

KÖNIG (1825) und A. S. WOODWARD (1889) Pl. XXII, S. 208—210 aus dem London Clay (Unter-Eocän) der Insel Sheppey.

Teil des Schädels und des Schultergürtels. Von A. S. WOODWARD als Siluride erkannt und mit dem rezenten Bagriden *Auchenoglanis* verglichen. Vertebra complexa mit dem Schädel fest verbunden, an der Verbindungsstelle ein ventraler Fortsatz.

+ *Rhineastes* COPE

mit den Arten *Arcuatus* COPE, *Calvus* COPE, *Pectinatus* COPE, *Peltatus* COPE, *Rhoeas* COPE, *Smithi* COPE, *Radulus* COPE. Aus dem Alttertiär (hauptsächlich Bridger-Mittel-Eocän) von Nordamerika auf Grund von Schädelfragmenten und Flossenstacheln durch COPE aufgestellt. COPE (1872) (1874) (1891). Hinsichtlich der Literaturangaben für die einzelnen Arten und deren Abbildungen sei auf die Zusammenstellung im Catalogue von A. S. WOODWARD (1901) verwiesen. Die Unvollständigkeit der erhaltenen Reste erlaubte COPE kein Urteil darüber, ob *Rhineastes* zu den *Ariina* oder *Pimelodina* des GÜNTHER'schen Systemes zu stellen sei. Daß es sich um Welse handelt, geht aus der Gestalt der Flossenstacheln und des Supra-occipitale, sowie des Nuchalschildes hervor.

+ *Fajumia* STROMER
Fajumia Schweinfurthi STROMER.

STROMER (1904) S. 3—6 und Taf. I, Fig. 1 u. 2.

Errichtet auf Grund von wohlerhaltenen Schädeln aus der Qasr-es-Sagha-Stufe, Ober-Eocän, Ägypten. Durch Prof. STROMER und durch den inzwischen verstorbenen Sammler MARKGRAF wurde seit 1904 reichliches weiteres Material beigebracht, sodaß nunmehr das ganze Kopfskelett (mit Ausnahme der eigentlichen Branchialbogen) der Schultergürtel mit dem Brustflossenstachel, der Nackenschild, der Dorsalstachel und einige Rumpfwirbel bekannt sind. Siehe diese Arbeit S. 25, Textfig. 1, 2 und 3 und Taf. I, II und III pro parte. Vertebra complexa nicht fest mit dem Schädel verbunden. Aortengrube, kein geschlossener Aortenkanal.

Fajumia Stromeri spec. nov.
Siehe diese Arbeit, S. 33 und Taf. IV, Fig. 1.

Abgetrennt von *Fajumia Schweinfurthi* auf Grund von Verschiedenheiten des Schädels, namentlich des Supraoccipitale. Bisher nur drei Schädel ohne Visceral-Skelett und ein einzelnes Supraoccipitale bekannt.

+ *Socnopaea* Stromer
Socnopaea grandis Stromer.
Stromer (1904) pag. 6/7 und Taf. I, Fig. 3 u. 4. Von ebenda.

Gattung und Art begründet auf eine vordere Schädelhälfte. Als sehr wahrscheinlich zugehörig wird dazu ein Brustflossenstachel mitbeschrieben und abgebildet. Die neuen Funde aus dem Besitz der Sammlungen von München, Stuttgart, Frankfurt a. M., Freiburg i. Br. und des Britischen Museums betätigen die Zugehörigkeit des genannten Brustflossenstachels und vervollständigen unsere Kenntnis vom Bau des Tieres. Siehe diese Arbeit S. 34, Textfig. 4 bis 9 und Taf. III Fig. 3, Taf. IV Fig. 2, 3 und 4. Jetzt bekannt nahezu das vollständige Kopfskelett, einschließlich der Vertebra complexa, größere Teile des Schultergürtels, der Brustflossenstachel, der Nackenschild mit dem Dorsalstachel und ein Teil der Rumpfwirbelsäule. Wahrscheinlich gehört hierher auch die auf Taf. VI, Fig. 1 abgebildete Schwanzflosse.

Wenn auch darauf verzichtet werden muß, die Gattungen *Fajumia* und *Socnopaea* mit Sicherheit einer bestimmten Familie des Systemes der Welse von Tate Regan (1911) einzufügen, so läßt sich doch soviel sagen, daß sie den *Ariidae* und *Bagridae* recht nahe stehen, und zwar *Fajumia* näher bei den *Bagriden*, *Socnopaea* vielleicht näher bei den *Ariiden* (siehe S. 51 dieser Arbeit). Zusammenfassende Bemerkungen über die zeitliche und die geographische Verbreitung der Welse folgen S. 51 u. 52.

Silurus? spec. indet.

In einer Geode aus der miocänen Braunkohle von Preschen bei Bilin in Böhmen sind Abdrücke von Schädelteilen und Reste der Brustflosse eines Welsindividuums erhalten, die Laube (1897) beschrieben und von welchen er die Brustflosse später (1901, S. 18, Taf. VIII, Fig. 3) abgebildet hat. Wie er dabei schon festgestellt hat, ist das Fossil nicht näher bestimmbar.

Siluride gen. et spec. indet.

Stücke von Rückenflossenstacheln eines stattlichen Welses aus der unterstmiocänen Gaj-Stufe von den Bugti-Hügeln in Belutschistan sind nicht näher bestimmbar, wie Pilgrim (1912, S. 83, Taf. 29, Fig. 4, Taf. 30, Fig. 2) schon bemerkt hat.

Siluride gen. et spec. indet.

Dürftige, höckerig skulptierte Schädelstückchen aus dem Obermiocän von Oppeln (Oberschlesien) wurden von R. N. Wegner (1913, S. 211. Taf. XIV, Fig. 2, 3) und ebensolche nebst einem Kieferstückchen, Vertebra complexa-Stück und Brustflossenstacheln aus gleichalterigen Schichten von München werden von STROMER und WEILER (1928, S. 49, Taf. III, Fig. 10—13) als nicht zu der jetzt in Europa verbreiteten Gattung *Silurus* gehörige Welsreste beschrieben. Sie sind nicht näher bestimmbar.

1. Familie *Diplomystidae*.

Fossil nicht bekannt[1]).

2. Familie *Ariidae*.

Hauptsächlichste Gattungen *Arius, Galeichthys, Ancharius, Genidens, Hemipimelodus, Ketengus, Aelurichthys, Batrachocephalus, Osteogeniosus.*

Fossil bekannt:

Arius CUV. und VAL.

Arius + Fraasi spec. nov.

Sehr gut erhaltener Schädel, Schultergürtel und Brustflossenstachel, dazu zwei Rumpfwirbel aus der untern Mokattamstufe (Mitteleocän) von Kairo. Naturalienkabinett Stuttgart. Erlaubt die sichere Zuweisung zur Gattung *Arius* unter Ausschluß der übrigen Gattungen der *Ariidae*. (Beschreibung siehe S. 17 dieser Arbeit und Taf. VI, Fig. 2).

Arius + crassus KOKEN sp.

Unvollständige, aber in den erhaltenen Teilen sehr gut konservierter Schädel aus dem Ober-Eocän von Barton, beschrieben von E. T. NEWTON (1889) und auf Grund der Otolithen mit dem von KOKEN (1884) S. 559 u. Taf. XII, Fig. 13 benannten *Otolithus* (incertae sedis) *crassus* identifiziert. Die Zugehörigkeit dieses Schädelrestes zu den *Ariidae* wird von DIXON durch einen Vergleich mit dem rezenten *Arius gagorides* CUV. und VAL. dargetan (nach der Abbildung zu schließen scheint die hintere, ventralwärts zur Parapophysis 4 der Vertebra complexa ziehende Lamelle des Epioticum vorhanden zu sein, ebenfalls ein ventraler Fortsatz an der Verbindungsstelle vom Schädel und Vertebra complexa). Das Supracleithrum schließt ohne Lücke an das Schädeldach an, sein ventraler Gabelast und dessen Verbindung mit der Schädelbasis ist gut erhalten. Für die Aorta war jedenfalls in der Vertebra complexa ein geschlossener Kanal vorhanden.

Arius + egertoni DIXON spec.

Aus dem mittleren Eocän von Sussex, England und von Belgien. Vorhanden Schultergürtel und Brustflossenstachel (Typus); dazu ein Supraoccipitale (abgebildet bei A. S. WOODWARD, Catalogue 1901, S. 332, Fig. 11 B), das vor dem Dorsalstachel gelegene Sperrstück (Abb. A. S. WOODWARD, Catalogue, S. 332, Fig. 11 A), einzelne Brust- und Rückenflossenstacheln. A. S. WOODWARD hatte erkannt (1887), daß die von F. DIXON (1850) erst als „*Silurus*" Egertoni beschriebenen Reste nicht zu dieser Gattung, sondern zu *Arius* zu stellen sind. Durch diese Feststellung wurde LOUIS DOLLO zu seiner „Première Note sur les Téléostiens du Bruxellien" (1889) angeregt. DOLLO weist darin nach, daß es sich bei belgischen, von G. SMETS (1888) noch als „*Silurus Egertoni*" bezeichneten Funden (einer hauptsächlich das Supraoccipitale umfassenden Schädelpartie und Flossenstacheln) ebenfalls um *Arius Egertoni* oder um eine

---

[1]) *Diplomystus* COPE = *Copeichthys* DOLLO ist ein *Clupeide*.

sehr ähnliche Form handelt (Leriche 1905, S. 143, Taf. IX, Fig. 2—5, Textfig. 20). Dollo gibt dabei eine interessante Übersicht über die verschiedene Ausbildung der Flossenstacheln bei den Welsen und warnt davor, fossile Siluridenstacheln einfach mit dem Verlegenheitsnamen „Silurus" zu bezeichnen, wenn keine Übereinstimmung mit wirklichen Silurus-Stacheln vorliegt. Wenn nicht nur trockenes Untersuchungs-Material von rezenten Welsen, sondern auch naß konservierte Stücke und frisches Material herangezogen werden, so stellen sich noch weitere Differenzen im Bau der Stacheln heraus, als die von Dollo angegebenen (vgl. Peyer 1922). Daß *Arius egertoni* Dixon sp. zu den *Ariidae* gehört, ist sehr wahrscheinlich. A. S. Woodward durfte mit seiner Zuweisung des Fundes zu dieser Gattung aus seiner gewaltigen systematischen Erfahrung heraus das Richtige getroffen haben. Seine Ansicht erfährt eine Bestätigung durch den Fund vom *Arius Fraasi* aus dem Eocän von Ägypten, der beweist, daß die Gattung *Arius* im Eocän schon mit ihren wesentlichen heutigen osteologischen Merkmalen existierte. Ob aber die vorhandenen Reste ausreichen, um die übrigen Gattungen der Familie anzuschließen, scheint mir doch fraglich.

Arius? + *bartonensis* A. S. Woodward.

Die Art wurde von A. S. Woodward (1887) zur Charakterisierung von Flossenstacheln aus dem Eocän aufgestellt, aber mit Recht als generisch nicht sicher bestimmbar bezeichnet und nur auf Grund der Ähnlichkeit mit *Ariiden* mit einem Fragezeichen dieser Gattung zugewiesen.

Arius + *bonneti* Priem.

Von Priem (1904, S. 44, Figur 3—8) und (1908, S. 123, Textfigur 63, 64 und Pl. III, Figur 5 und 6) abgetrennt von *A. bartonensis* A. S. Woodward auf Grund der mangelnden Biegung des Dorsalstachels. E. J. White erachtet diese Differenz nicht genügend für die Abgrenzung einer weiteren Art (E. J. White, 1926, S. 57) und betrachtet *A. bonneti* Priem als ein Synonym von *A. bartonensis* Á. S. Woodward, wobei er auch an die unvollständige Erhaltung der Fundstücke erinnert. Es ist zweifellos für stratigraphische Bedürfnisse notwendig und nützlich, neue, auch unvollständige Vertebratenreste genau zu beschreiben und mit unterscheidenden Namen zu bezeichnen. Dabei sollte aber vermieden werden, solche unvollständige Reste ohne weiteres mit scheinbarer Sicherheit bestimmten Gattungen zuzuweisen, ohne daß dafür die nötigen Unterlagen vorhanden sind. Die Ergebnisse von paläontologischen Spezialarbeiten sollten so formuliert werden, daß sie von andern, z. B. zum Zwecke paläogeographischer Überlegungen ohne weitere Nachprüfung übernommen werden können. Im vorliegenden Falle aber ist nur sicher, daß es sich um Welsflossenstacheln handelt, die *Arius*-ähnlich sind. Hingegen steht nicht einmal die Zugehörigkeit zur Familie der *Ariidae* im Sinne von Tate Regan wirklich fest, geschweige denn die Zugehörigkeit zur Gattung *Arius* selber.

Arius + *kitsoni* E. J. White.

Von E. J. White (1926) für unvollständige Brustflossenstacheln und einen Dorsalstachel errichtet. E. J. White (1926, S. 54—56 und Pl. 13, Figur 1/2). Die Zugehörigkeit zur Gattung *Arius* im engern Sinne erscheint natürlich durch ein so dürftiges Material trotz der augenscheinlichen Ähnlichkeit der abgebildeten Stücke mit rezenten und eocänen *Arius*-stacheln nicht gesichert, sondern nur wahrscheinlich. Dasselbe gilt für die weiteren Arten:

Arius + *heward-belli*

loc. cit. Seite 56/57 und Pl. 13, Figur 4/12 (zu welcher Art mit einem Fragezeichen auch eine Nuchalplatte gestellt wird) und

Arius russi E. J. WHITE,

nur auf unvollständige Flossenstachel hin begründet.

Arius + DUTEMPLEI LERICHE.

LERICHE 1900, S. 181, Pl. I, Figur 13—15 und LERICHE 1922, S. 186, Pl. VIII, Figur 18 und 19.

Diese Art, errichtet auf Grund von Dorsalstacheln, zu denen ein nur fragmentarisch erhaltener Pektoralstachel gestellt wurde. 1922 beschreibt L. besser erhaltene Pektoralstacheln, die zu den erst beschriebenen Rückenstacheln gehören. Der leicht abweichende fragmentarische Pektoralstachel sei dagegen einer anderen Art zuzuschreiben. Die Zugehörigkeit zur Gattung *Arius* ist nicht unwahrscheinlich, aber nicht sicher gestellt. Dasselbe gilt vom *Arius* spec., LERICHE (1922), Pl. VIII, Figur 20 einem von *Arius* DUTEMPLEI verschiedenen Bruchstück eines Pektoralstachels.

Arius + *iheringi* A. S. WOODWARD.

Von A. S. WOODWARD (1898) beschrieben auf Grund von guten Abdrücken des Schädels und der vorderen Körperregion. Aus tertiären Ligniten von Taubaté, Staat San Paulo, Brasilien. Abgebildet A. S. WOODWARD 1898, Figur 1 und 2 und A. S. WOODWARD 1901, Pl. XVII, Figur 4.

Arius sp.

Von LYDEKKER, 1886, S. 252 und Pl. XXXVI, Figur 2 wurde eine große hintere Schädelpartie aus den Siwalik Hills der Gattung *Arius* zugerechnet, ebenso (ibid. Pl. XXXVII, Figur 7 und 8) zwei Palatina, von denen das eine schon 1881 von GÜNTHER einem großen Siluriden zugeschrieben worden war.

Arius-Otolithen.

Zu Beginn seiner *Otolithen*-Studien stand E. KOKEN (1884) noch nicht das nötige Vergleichsmaterial zur Verfügung, um einen bestimmten *Otolithen*, den er als *Otolithus* (*incertae sedis*) *crassus* bezeichnete, nach seiner systematischen Zugehörigkeit näher zu charakterisieren. E. T. NEWTON (1889) wies die Übereinstimmung dieses *Otolithen* mit den im Zusammenhang mit einem unzweifelhaften *Ariiden*-Schädel gefundenen *Otolithen* nach und übernahm deshalb die Artbezeichnung *crassus* für jenen Fund aus dem Eocän von Barton. KOKEN stellte dann (1891) fest, daß es sich bei diesem *Otolithen* um den sogenannten Lapillus des *Recessus utriculi*, nicht um die Sagitta des *Sacculus*, handle, und beschrieb zwei weitere Arten, *Otolithus* (*Arius*) *germanicus* und *Otolithus* (*Arius*) *Vangionis* (KOKEN, 1891, S. 81, Taf. 1, Figur 3—3b, Taf. VI, Figur 4, 4a.) aus dem deutschen Oligocän, und, allerdings vorerst nur auf Grund eines einzigen Exemplares, einen *Otolithus danicus* aus dem Paleocän von Kopenhagen (KOKEN, 1881, Textfigur 1, S. 81). Seither sind noch weitere Arten bekannt geworden. ERROL JVOR WHITE (1926) beschrieb aus dem Eocän von Nigeria drei *Lapilli* als *Otolithus* (*Arius*) *africanus*, *Otolithus* (*Arius*) *angulatus* und *Otolithus* (*Arius*) *ameikensis* (E. J. WHITE, 1926, S. 84 und 85 und Pl. 18, Figur 7/10). Dazu hat E. VOIGT (1926) aus einem Senongeschiebe von Cöthen in Anhalt zwei kleine *Lapilli* als *Otolithus (Arius)? glaber* beschrieben, die *O. (Arius) Vangionis* KOKEN sehr ähnlich seien. VOIGT läßt die Frage offen, ob diese *Otolithen* zur Gattung *Arius* selber oder zu einer ausgestorbenen Welsgattung gehören.

+ *Ariopsis aegyptiacus* nov. gen. nov. spec.

Gattung und Art aufgestellt auf Grund einer hinteren Schädelhälfte nebst Nuchalplatte, Dorsalstachel, Vertebra complexa und Supracleithrum, aus der Qasr-es-Sagha-Stufe (Obereocän) von Ägypten. Siehe diese Arbeit, S. 43, Textfigur 10—12 und Tafel V. Die Abtrennung von *Arius* erfolgte hauptsächlich wegen der von *Arius* abweichenden Verbindungsweise des Supracleithrums mit dem Schädel.

3. Familie *Doradidae.*

Fossil nicht bekannt.

4. Familie *Plotosidae.*

Fossil nicht bekannt.

5. Familie *Siluridae.*

Fossil nicht mit Sicherheit bekannt.

Silurus LINNÉ.

A. S. WOODWARD hält dafür (1901, S. 326), daß die von LYDEKKER (1886, S. 255) als junge Exemplare vom *Bagarius yarelli* aus dem Unterpliocän der Sivaliks (Vorderindien) beschriebenen Stücke wahrscheinlich zu *Silurus* gehörten.

Silurus + *serdicensis* TOULA.

TOULA (1889, S. 108, Taf. IX) bildete ohne nähere Beschreibung Schädel-, Brustflossen- und Wirbelreste aus jungtertiären oder diluvialen sandigen Mergeln von Kniazevo im Westen von Sofia (Bulgarien) ab. Sie können schon zu der Gattung *Silurus* gehören, ihre spezifische Bestimmung ist aber kaum möglich.

In der älteren Literatur mußte der Name *Silurus* zur Bezeichnung von allen möglichen Welsresten dienen, z. B. *Silurus Egertoni* Dixon, *Silurus Gaudryi* LERICHE, auch die Bezeichnung *Siluride* wird nicht im engeren Sinne, sondern für *Siluroidea* (= *Nematognathi* COPE) gebraucht.

6. Familie *Bagridae.*

Chrysichthys BLEEKER.

Chrysichthys + *eaglesomei* WHITE.

E. J. WHITE hat (1927) S. 59—61 und Pl. 14 und 15 zwei unvollständige Schädel, zwei Vertebrae complexae und einige Fragmente unter diesem Namen aus dem Eocän von Nigeria beschrieben. Die Schädel sollen mit Ausnahme von einigen Differenzen, die als Artunterschiede zu bewerten sind, völlig mit dem rezenten *Chrysichthys Cranchii* LEACH übereinstimmen. Leider hat der Autor aber unterlassen, abgesehen von der äußerlichen

14

Ähnlichkeit auch anatomische Merkmale hervorzuheben, welche die Zugehörigkeit der Funde zur Gattung *Chrysichthys* dartun könnten.

Chrysichthys + *Theobaldi* Lydekker.

Lydekker hat (1886, S. 249 und Pl. XXXVII, Figur 4) aus dem Pliocän der Siwalik Hills beschrieben, aber nur als wahrscheinlich zu *Chrysichthys* oder einer nahestehenden Gattung gehörig angesehen. A. S. Woodward (1901, S. 327) hält das Stück nicht für generisch bestimmbar.

Bagrus Cuv. und Val.

E. Stromer hat (1904, S. 1 und 2) unter den *Nematognathi* aus dem Diluvium des Fajum-Schädel von *Bagrus bajad* genannt. In der Münchener Sammlung befinden sich einige, als wahrscheinlich subfossil bezeichnete Schädelreste von *Bagrus*, deren Erhaltungszustand zum Teil gegen ein höheres Alter spricht. Es wäre aber nicht überraschend, wenn *Bagrus* auch im ägyptischen Eocän auftauchen sollte. Im mittleren Pliocän des Natrontales, Ägypten, ist *Bagrus* durch mehrere, der Art nach nicht genau bestimmbare Reste nachgewiesen. Vergleiche Peyer in Weiler, 1926, S. 332.

Macrones Duméril.
Macrones aor Buchanan.

Diese jetzt lebende Art ist von Lydekker (1886, S. 250, Pl. XXXVI, Figur 5) aus dem unteren Pliocän der Siwalik Hills durch einen wohl erhaltenen Schädel nachgewiesen.

7. Familie *Amiuridae*.
Amiurus Rafinesque.

Von dieser Gattung, die durch die Monographie von Kindred (1919) hinsichtlich des Baues und der Entwicklung des Schädels zu den bestuntersuchten rezenten Welsen gehört, ist fossil fast nichts bekannt. Cope hat (1891, S. 3 und 4, Pl. I, Figur 4, 5, 6, 7) zwei Arten *A.* + *cancellatus* Cope und *A.* + *maconelli* Cope aufgestellt, jedoch nur auf Grund von einzelnen Wirbeln aus dem Oligocän von NW-Kanada. Es erscheint sehr fraglich, ob diese Wirbel so charakteristisch sind, daß sie eine sichere Zuteilung zu der Gattung *Amiurus* rechtfertigen.

8. Familie *Amblycepidae*.

Fossil nicht bekannt.

9. Familie *Sisoridae*.
Bagarius Bleeker.
Bagarius + *gigas* Günther.

Günther (1876), S. 436, Pl. XVI, Figur 1. Nur unvollständige Reste aus tertiären Süßwasserschichten von Padang, Sumatra.

Bagarius + *yarelli* Sykes.

Eine vordere Schädelhälfte aus den pliocänen Siwalikschichten von Nahan, Indien, erst (Cantor, 1827) einem riesigen *Batrachier* zugeschrieben, von J. M. M'Clelland (1844) als Wels erkannt und von LYDEKKER (1866, S. 254/55 und Pl. XXXVI, Figur 1) zu der noch jetzt in den größeren Strömen von Indien verbreiteten Gattung und Art gestellt (Die Literatur über dieses Fundstück im Catalogue von A. S. WOODWARD 1901, S. 335).

10. Familie *Amphiliidae*.

Fossil nicht bekannt.

11. Familie *Chacidae*.

Fossil nicht bekannt.

12. Familie *Schilbeidae*..

Rita BLEEKER.

Rita + *grandiscutata* LYDEKKER.

LYDEKKER (1886, S. 251, Pl. XXXVII, Figur 3). Nur eine riesige Nuchalplatte aus dem Pliocän der Siwalik Hills.

Pseudeutropius BLEEKER.

Pseudeutropius + *verbeecki* GÜNTHER.

Durch GÜNTHER (1876, S. 435, Pl. XV, Figur 2) aus tertiären Süßwasserschichten von Padang, Sumatra, beschrieben (siehe auch W. von der MARK, 1886, S. 412 und Pl. XXIV, Figur 2).

13. Familie *Clariidae*.

Clarias GRONOW

Clarias + *falconeri* LYDEKKER.

Die Art von LYDEKKER (1886, S. 247 und Pl. XXXVII, Figur 1) errichtet für einen nur in seiner mittleren Partie erhaltenen Schädel aus dem unteren Pliocän der Siwalik Hills. Zweifellos ein *Clariidae* und wohl zur Gattung *Clarias* selber gehörig, spezifisch verschieden von allen LYDEKKER bekannten *Clarias*-Schädeln des Britischen Museums.

Clarias anguillaris CUV. und VAL.

STROMER (1904, S. 2) erwähnte Schädel aus dem Diluvium im Norden des Fajum, die sich in nichts von solchen der noch im benachbarten Birket el Querun-See lebenden Art unterscheiden.

Clarias sp.

Aus dem mittleren Pliocän des Natrontales durch ordentliche Schädelreste und eine größere Anzahl einzelner Knochen bekannt geworden. Siehe PEYER in W. Weiler 1926, S. 331 und Taf. III, Figur 1/5 und PEYER 1922, S. 511, Textfigur 20.

Cf. Clarias.

Von den mir bekannten *Clarias*arten abweichende Supraoccipitalia aus dem mittleren Pliocän des Natrontales, Ägypten. Vgl. PEYER in Weiler 1926, S. 331 und Taf. III, Figur 6.

Heterobranchus GEOFFROY St. Hilaire.

Heterobranchus + *palaeindicus* LYDEKKER.

LYDEKKER 1886, S. 248 und Pl. XXXVI. Figur 4.

Ein nahezu vollständiger, prächtiger Schädel aus dem unteren Pliocän der Siwalik Hills.

14. Familie *Pangasiidae.*

Fossil nicht bekannt.

15. Familie *Synodontidae.*
Synodontis Cuv. und Val.

Im mittleren Pliocän des Natrontales, Ägypten, finden sich zahlreiche Flossenstacheln und Teile des Schultergürtels, teils von *Synodontis* selber, teils von einer nahestehenden, vielleicht ebenfalls in den Bereich der Gattung fallenden Form. Peyer in Weiler 1926, S. 331 und Taf. II, Figur 7, 8, 9, 10. Weitere Abbildungen dieser Stacheln und eine morphologische Beschreibung ihres Baues Peyer 1922, S. 506/511 und Textfigur 8/19. Von Kramberger (1882, S. 27/29) wird aus der aquitanischen Fischfauna der Steiermark vom Fundort Sotzka ein *Synodontis priscus* Heckel erwähnt.

16. Familie *Malopteruridae.*

Fossil nicht bekannt.

17. Familie *Pimelodidae.*
Pimelodus Lacép.

Obwohl der Name *Pimelodus* in der paläontologischen Literatur mehrfach vorkommt, kennen wir weder sichere fossile Angehörige der Gattung, noch der heute neotropischen Familie. Bei *Pimelodus Sadleri* Heckel (1849, Taf. II, Figur 3) handelt es sich um einen ungezähnten Rückenflossenstachel und ein Fragment eines Pektoralstachels aus tertiären Sanden des Biharer Comitates. 1901 hat Leriche (1901, S. 166 und Pl. V, Figur 19 und 20) unvollkommen erhaltene Rückenflossenstacheln aus der helvetischen Stufe der Gironde und der Touraine beschrieben und mit *Pimelodus Sadleri* Heckel identifiziert. Nach der Abbildung handelt es sich wohl um Welsstacheln. Dagegen erscheint mir eine zuverlässige Bestimmung der Gattung nicht möglich. Leriche hat (1900, S. 108 und Pl. I, Figur 7/12) Rückenflossen- stachel von Welsen nebst einem Fragment eines Pektoralstachels als *Silurus? + Gaudryi* beschrieben. Die vermutete Zugehörigkeit zur Gattung *Silurus* erscheint schon deswegen kaum möglich, weil beim rezenten *Silurus* der erste Strahl der Rückenflosse sehr klein und nur schwach verknöchert ist. 1901 (S. 165/66) änderte Leriche *Silurus? Gaudryi* im *Pimelodus + Gaudryi* Leriche. Es scheinen aber für diese Zuweisung keine genügenden Gründe vorzuliegen. G. Pfeffer hat (1927, S. 93) darauf hingewiesen, daß das Vorkommen der gegenwärtig neuweltlichen *Pimelodidae* im europäischen Tertiär an sich sehr unwahr- scheinlich ist, weil sich die *Pimelodidae* im Sinne von Tate Regan wohl erst in der Neuen Welt aus primitiveren Formen entwickelt haben.

18. Familie *Helogenidae.*

Fossil nicht bekannt.

19. Familie *Hypophthalmidae.*

Fossil nicht bekannt.

20. Familie *Trichomycteridae.*

Fossil nicht bekannt.

21. Familie *Bunocephalidae.*

Fossil nicht bekannt.

22. Familie *Callichthyidae.*

Fossil nicht bekannt.

23. Familie *Loricariidae.*

Die charakteristischen S-förmig gebogenen Zähnchen von *Loricariiden,* deren schneidende Krone in zwei Lappen geteilt erscheint, konnten zusammen mit einem *Characiniden,* mit wahrscheinlich nicht genauer bestimmbaren Crocodilier-Zähnen und Knochen und mit zahlreichen Wirbellosen in tertiären Schichten bei Iquitos, Provinz Loreto, Peru, oberer Amazonas, nachgewiesen werden. B. Peyer, noch nicht publiziert.

III. Welsreste aus der unteren Mokattamstufe (marines Mitteleocän) von Kairo, Ägypten.

a) *Arius Fraasi* spec. nov.

Im Besitz des Stuttgarter Naturalienkabinettes befindet sich ein außerordentlich gut erhaltener Siluridenschädel aus der unteren Mokattamstufe von Kairo, bezeichnet M. 1904. Eine eingehende Präparation gestattete, die jedenfalls schon von Prof. Eberhard Fraas vorgenommene Bestimmung des Schädels als *Arius* zu bestätigen und die Zugehörigkeit zu dieser Gattung nicht nur nach der äußeren Ähnlichkeit, sondern nach den charakteristischen anatomischen Merkmalen sicherzustellen. Ich erlaube mir, für das Fundstück zum Andenken an den um die paläontologische Erforschung Ägyptens so hoch verdienten Professor Dr. Eberhard Fraas den Namen *Arius Fraasi* spec. nov. vorzuschlagen.

Erhaltungszustand.

Wie aus Taf. VI Fig. 2 ersichtlich, ist der Schädel im großen ganzen vorzüglich erhalten. Visceralskelett, Schultergürtel und Vertebra complexa haben ihre natürliche Lage gegenüber dem Neurocranium, abgesehen von gleich zu nennenden geringfügigen Verschiebungen einzelner Teile, beibehalten. Der Schädel ist auch nicht, wie es sonst oft bei eocänen ägyptischen Welsresten der Fall ist, in dorsoventraler Richtung zusammengequetscht, sondern er hat auch da seine ursprünglichen Maße nicht verändert. Mehr oder weniger verschoben sind folgende Teile:

1. Die ungefähr dreieckigen zahntragenden Platten, welche als Ossa pharyngea superiora jederseits den hinteren Pharyngobranchialia aufsitzen und mit dem Zahnbesatz des fünften Kiemenbogenpaares zusammenwirkten, sind vollständig disloziert worden. Die eine Platte liegt jetzt zwischen dem rechten Articulare und rechten Hyoid, die andere zwischen dem Urohyale und dem linken Hyoid.

2. Die Schädelbasis an der Übergangsstelle des Basioccipitale in den ersten Wirbel und die Vertebra complexa, welche den für *Ariidae* charakteristischen ventralwärts gerichteten Fortsatz zeigt, ist überlagert von offenbar nicht in natürlicher Lage befindlichen, dünnen Knochenspangen. Es scheint sich um dislozierte Teile des eigentlichen Kiemenkorbes zu

handeln. Bei der Präparation wurden diese Knöchelchen in ihrer Lage belassen, da eine völlige Freilegung der Schädelbasis kaum ohne Beschädigung der zarten Knochenspangen abgegangen wäre, und da sich zudem der notwendige Aufschluß über die Beschaffenheit der Schädelbasis durch Freilegung von der Seite her gewinnen ließ.

3. Während das Operculum und Interoperculum der rechten Seite sich in völlig natürlicher Lage befinden, erscheint das linke Operculum etwas in den vom Hyomandibulare vorn, Supracleithrum hinten und Cleithrum unten begrenzten Raum hineingedrückt. Das zugehörige Interoperculum liegt der Unterseite des Quadratums an. Abgesehen von diesen unbedeutenden Verschiebungen nehmen alle Skeletteile eine durchaus natürliche Lage ein. Bei der Präparation kamen zwei ventral von der Vertebra complexa frei im Gestein liegender freie Rumpfwirbel zum Vorschein, die so gut wie sicher zum selben Tier gehören.

Ich beginne die Beschreibung des Fundstückes mit der Angabe von einigen Maßen. Obwohl ja solchen Maßzahlen bei fossilen Fischresten nicht die Bedeutung zukommt, wie bei Säugetieren, so mögen sich doch Maßangaben eines so vollständig erhaltenen Schädels für die Untersuchung weniger vollständiger Funde nützlich erweisen.

Länge vom Vorderrande des Kopfes bis zum Hinterrande des Supraoccipitale	cm	9,5
Länge vom Vorderende des Kopfes bis zum Hinterrande des Nuchalschildes in der Medianebene (seitlich reicht der Nuchalschild etwa 1 cm weiter nach hinten)	„	10,5
Abstand vom Vorderende des Kopfes bis zum Hinterrand des Körpers der Vertebra complexa	„	11,8
Abstand vom Vorderende des Kopfes bis zum Hinterende des Basioccipitale	ca. „	8,5
Rostrocaudale Ausdehnung der Schultergürtel-Symphyse	„	3,—
Vordere Schädelbreite (Abstand der lateralsten Punkte der Ektethmoidalia voneinander)	ca. „	5,—
Schädelbreite am Hinterrande der Fontanelle gemessen	ca. „	3,7
Hintere Schädelbreite (Abstand der lateralsten Punkte der Pterotica voneinander)	ca. „	5,3
Hintere Schädelbreite (Abstand der lateralsten Punkte der Supracleithra voneinander	ca. „	6,5
Abstand zwischen den lateralsten Punkten des linken und rechten Kiefergelenkes	„	6,7
Abstand zwischen den lateralsten Punkten des linken und rechten Schultergürtels	„	7,7
Abstand der oberen hinteren Zacken der Cleithra voneinander	„	5,—
Abstand der unteren hinteren Zacken der Cleithra voneinander	„	7,—
Vertikalabstand Schädeldach-Ventralseite der Schultergürtelsymphyse (tiefste Stelle) in der Medianebene	ca. „	4,2
Vertikalabstand Schädeldach—Basioccipitale—Fortsatz am Übergang in die Vertebra complexa ca.	„	3,5
Länge des Brustflossenstachels, soweit sichtbar	„	6,—

Die Gesamtlänge des Brustflossenstachels kann nur wenige Millimeter mehr betragen, da nicht mehr im Schultergürtel verborgen sein kann.

Dorsoventraler Durchmesser des Brustflossenstachels nahe der Stachelbasis	„	0,5
Antero-posteriorer Durchmesser des Brustflossenstachels nahe der Stachelbasis	ca.	0,6
Länge der Schädelfontanelle	ca.	2,5
Länge der die Fontanelle umgebenden Vertiefung	„	3,4
Größte Breite der Schädelfontanelle	„	0,6
Größerer Durchmesser der ovalen Lücke zwischen Supracleithrum und Schädel	„	1,1
Kleinerer Durchmesser der ovalen Lücke zwischen Supracleithrum und Schädel	„	0,7

Das Schädeldach und die fest damit verbundenen Supracleithra, sowie die Nuchalplatte sind ziemlich gleichmäßig skulptiert. Die einzelnen Erhebungen sind bald halbkugelig, bald unregelmäßig warzenförmig. Nur in der Umgebung des Hinterrandes der Fontanelle, sowie im Gebiete des Supraoccipitale sind diese Erhebungen zu unscharf hervortretenden Längszügen vereinigt. Das Mesethmoid, sowie der vorderste Teil der Frontalia, welcher jederseits die Fontanelle seitlich begrenzt, scheinen glatt gewesen zu sein,

ebenso die mediale Partie des Etekthmoides jederseits. Das Schädeldach ist ziemlich eben.
Nach vorne zu fällt das Mesethmoid etwas ab, seitlich sind die Ektethmoide nach der
Stelle ihrer größten Breitenentwicklung zu ventralwärts abgebogen. Hinten seitlich setzt
sich das Schädeldach jederseits in das fest mit dem Schädel verbundene Supracleithrum
fort. Auch diese Supracleithra fallen zur Verbindung mit den Cleithrum jederseits stark
ventrolateralwärts ab. Das Supraoccipitale erhebt sich nur unmerklich über das übrige
Schädeldach. Die anschließende Nuchalplatte ist ganz flach gewölbt. Zwischen den Mesethmoid und den Ektethmoidalia befindet sich jederseits eine tiefe Grube. Von den kleinen
Knöchelchen, dem sogenannten Lacrymale und dem Nasale, die sich in dieser Gegend befunden haben müssen, ist nichts erhalten. Auf der linken Seite ist der hornförmig aus-
biegende Flügel des Mesethmoides zerquetscht und wahrscheinlich etwas nach außen verschoben. Darunter kommt das bandförmige, flache Praemaxillare etwas zum Vorschein.
Die Fontanelle ist außerordentlich groß (Länge 2,5 cm, größte Breite 0,6 cm). Man erblickt
an ihrem Grunde den Boden des Cavum cranii. Er steigt von hinten nach vorne leicht
an. Denkt man sich die Fontanelle durch eine Ebene im Niveau der übrigen Schädeloberfläche verschlossen und mißt von dieser Ebene aus in der Mittellinie bis zum Boden
des Cavum cranii, so beträgt dieser Abstand ca. 4 mm am Vorderrand, am Hinterrand der
Fontanelle ca. 9 mm. Ca. 6 mm seitlich von der Fontanelle findet sich jederseits eine glatte
grubige Vertiefung. Die Frontalia sind hinten durch eine deutliche Naht gegen das Supraoccipitale abgegrenzt; auch die Naht gegen die Sphenotica und die mittlere Naht zwischen
linkem und rechtem Frontale sind erkennbar. Rechts ist, nahe dem Vorderrand der Fontanelle, auch die zackige Naht zu sehen, durch welche sich das Frontale mit dem Mesethmoid verbindet. Auch die Sutur zwischen Mesethmoid und Ektethmoid ist rechterseits eine
Strecke weit deutlich sichtbar. Durch das Supraoccipitale geht ein großer Riß bogenförmig
quer über die Mittellinie und setzt sich nach vorn und lateralwärts durch das linke Pteroticum und Sphenoticum fort; die seitlichen Ränder der beiden Knochen sind weggebrochen
und der oberste Teil des Hyomandibulare liegt frei zu Tage. Die genaue Abgrenzung von
Sphenoticum und Pteroticum ist nicht erkennbar, wohl aber die Naht zwischen Pteroticum
und Supracleithrum. Das Supracleithrum ist auf beiden Seiten außerordentlich gut erhalten.
Es bildet funktionell einen Teil des Schädeldaches und weist das gleiche Oberflächenrelief
auf, wie dieses. Doch befindet sich zwischen eigentlichem Schädel und Supracleithrum
jederseits eine große, ovale Lücke. Die Längsachse dieses Ovals (11 mm lang) verläuft
schräg lateralwärts und nach hinten. Die 7 mm messende Querachse verläuft rechtwinklig
dazu. Bei den rezenten *Ariidae* ist diese Lücke meist viel kleiner oder, wie bei *Arius
proops*, ganz verschlossen. Am Hinterrande der Lücke, medial vom Supracleithrum und
von da bis zum seitlichen Rand des Supraoccipitale reichend, liegt bei rezenten *Ariidae*
das kleine Posttemporale. Bei der großen Übereinstimmung unseres Fossiles mit rezenten
Ariidae ist sein Vorhandensein überaus wahrscheinlich; doch sind die Knochennähte nicht
mit Sicherheit nachzuweisen. Das Supraoccipitale besitzt eine Gesamtlänge von 3,8 cm.
Davon ragen ca. 11 mm frei über den Hinterrand des Schädels hinaus. Das Hinterende
des Knochens ist zur Verbindung mit der Nuchalplatte schwalbenschwanzartig ausgeschnitten.
Die Breite des Supraoccipitale an der Stelle, wo es über den Hinterrand des Schädels nach
hinten hinaus ragt, beträgt ca. 20 mm, seine Breite an der Verbindungsstelle mit der Nuchalplatte 10 mm. Die Formverhältnisse des Supraoccipitale und der Nuchalplatte sind von

GÜNTHER (1864) zur Unterscheidung der rezenten *Arius*arten verwertet und für die meisten Fälle schematisch abgebildet worden. Supraoccipitale und Nuchalplatte von *Arius Fraasi* stimmen mit keiner der von GÜNTHER beschriebenen rezenten Formen genau überein. Bei den *Ariidae* besitzt das Epioticum eine hintere Lamelle, welche sich mit dem hinteren Ast der Parapophyse des vierten (in die Bildung der Vertebra complexa aufgegangenen) Wirbels verbindet. Diese zarte Lamelle ist beidseitig ausgezeichnet erhalten. Der Nuchalschild erstreckt sich in der Mittellinie vom Supraoccipitale an 12 mm nach hinten, um sich von da in einem nach hinten offenen Halbkreis von 10 mm Durchmesser um das Sperrstück und den (nicht miterhaltenen) Dorsalstachel zu legen. Er ist an seiner Oberfläche, wie das Supraoccipitale, rauh granuliert. Die hintere Breite der erhaltenen Partie des Nuchalschildes beträgt 17 mm. Aus der von seinem Hinterrand halbkreisförmig umfaßten Lücke ragt in der Mitte eine Knochenleiste hervor; ihr sitzt das Sperrstück in der üblichen Weise rittlings auf. (Die genaue Beschreibung der verschmolzenen Flossenstachelträger, welche das Nuchalschild mit der Vertebra complexa verbindet, wird im Zusammenhang mit dieser erfolgen.)

An der Ventralfläche ist die vordere Begrenzung der Schädelunterseite verdeckt durch die ihr dicht anliegenden Unterkiefer. Dahinter kommt beiderseits das bandförmige, zahntragende Prämaxillare etwas zum Vorschein. Hinter den Prämaxillaria, von ihnen durch eine Lücke getrennt, befindet sich die einheitliche, überaus große Vomer- und Gaumen-Zahnplatte, welche aus einem gleichmäßigen Pflaster von kleinen, halbkugeligen Zähnchen besteht. GÜNTHER (1864) hat die Vomer-Bezahnung zur Unterscheidung der *Arius*arten herangezogen. Er bildet verschiedene Gruppen, je nachdem die Gaumenzähne zottenförmig oder granulär sind, und je nachdem die Vomer-Bezahnung einheitlich oder in getrennten Flecken angeordnet ist. Da aber, wie GÜNTHER auch selber bemerkt, die Ausdehnung der Zahnplatten mit dem Lebensalter wechselt und wohl auch innerhalb der Arten eine gewisse Variationsbreite besitzt, so wäre es gewagt, auf Grund der Form der Gaumen- und Vomer-Zahnplatten die eocäne Art in die Nähe bestimmter rezenter Arten zu stellen. Die Gaumenbezahnung *Arius Fraasi* ist ausgedehnter, als ich es je bei einer rezenten Art gesehen habe. Sie ist vorne 27 mm breit. Ihre hintere Grenze liegt nicht frei; doch läßt sich auf der linken Seite (vom Beschauer aus rechts) feststellen, daß der Zahnbesatz fast 1 cm weiter lateralwärts reicht, und sich bis auf das Metapterygoid erstreckt. Die einzelnen halbkugelförmigen Zähnchen haben einen Durchmesser von ca. 0,8—1 mm. Im folgenden ist die Schädelbasis verdeckt durch den Zungenbeinapparat und durch die schon erwähnten zahntragenden ungefähr dreieckigen Knochenplatten der mutmaßlichen Ossa pharyngea superiora. Das Urohyale liegt vor der Symphyse des Schultergürtels, es ist hinten ca. 16 mm breit, nach vorne verjüngt es sich bis auf 4 mm. Wahrscheinlich lief es in eine Spitze aus, die weggebrochen zu sein scheint. Dorsalwärts und etwas vor dem Urohyale liegen die ventralen Enden der Hyoide. Die einzelnen Abschnitte, Hypohyalia, Ceratound Epihyalia sind nicht genauer abgrenzbar, da der poröse Knochen namentlich des rechten Hyale zum Teil weggebrochen ist; das linke Hyale zeigt, abgesehen von einer corrodierten Stelle, die natürliche, glatte Oberfläche. Zwischen Zungenbein und Schultergürtel kommen jederseits schlanke Branchiostegalradien zum Vorschein, links deren fünf, rechts nur zwei, da das rechte Hyoid dem Schultergürtel näher anliegt. Die folgende Partie ist durch den später zu beschreibenden Schultergürtel verdeckt. Caudalwärts davon konnte ein Teil der Schädelbasis freigelegt werden. Der Abstand von der Ventralfläche des Basioccipitale (vor dem ventralen Fortsatz zur Verbindung mit der Vertebra complexa) zur Oberfläche des Schädeldaches beträgt ca. 1,6 cm. Von systematischem Interesse ist, daß Prooticum, Pteroticum und Exoccipitale jederseits eine deutlich vorspringende knöcherne Bulla bilden. Dahinter legt sich jederseits, vom Körper des Supracleithrum abgehend, der untere Schenkel desselben an das Basioccipitale an. KINDRED (1919) bezeichnet diese Knochenspange als transcapular. Die Abgrenzung von Exoccipitale, Pteroticum, Basioccipitale und Parasphenoid ist trotz des ausgezeichneten Erhaltungszustandes nicht möglich, da die ganze Partie sehr in der Tiefe liegt und aus dem eingangs genannten Grunde nicht die ganze Schädelbasis freigelegt werden konnte. Nach hinten schließt sich die später im Einzelnen zu beschreibende Vertebra complexa dem Schädel an. Der ventrale Fortsatz an ihrer Verbindungsstelle mit dem Basioccipitale ist sehr stark ausgeprägt.

Hyomandibular- und Opercular-Apparat.

Das Hyomandibulare jederseits gelenkt mit dem Schädel in einer ca. 19 mm langen Grube, die hauptsächlich im Sphenoticum liegt. Nach hinten scheint aber auch das Pteroticum einen großen Anteil an der Grube zu nehmen. Im Gebiete der Gelenkgrube ragt der Schädelseitenrand nur wenige Millimeter über die Gelenkgrube seitlich hinaus. Nach vorne zu überdachen Frontale und Ektethmoid, vom Seitenrande des verschmälerten Cavum cranii als kräftige Knochenplatten weit seitlich ausladend, die Orbita, deren Boden durch das Metapterygoid gebildet wird. Dem Hinterrande des Hyomandibulare liegt als leicht gebogene Knochenspange das Präoperoculum auf. Es ist in der üblichen Weise mit dem Hyomandibulare verschmolzen. Die Oberfläche des Hyomandibulare weist einige vorspringende Leisten auf. Einige kleinere Öffnungen sind als Austrittsstellen von Facialisästen zu deuten. An das Hyomandibulare schließen sich nach vorne das Quadratum und das Metapterygoid an. Die Nähte, welche das Quadratum gegen das Hyomandibulare und Metapterygoid abgrenzen, sind tief gezackt. Das Metapterygoid ist sehr groß; es erstreckt sich medialwärts bis nahe an den Schädel heran. In dem vom medialen Rand des rechten Hyomandibulare, vom Hinterrande des Metapterygoids und vom Schädel begrenzten Raume treten im Gestein zwei kleine Nummuliten zu Tage. Von der Kette der suborbitalen Knöchelchen, die jedenfalls vorhanden waren, ist nichts erhalten. Linkerseits liegt am Vorderrande des Metapterygoides, augenscheinlich nicht mehr in natürlicher Lage, ein zylindrisches Knochenstückchen von nahezu 2 mm Durchmesser und mindestens 6 mm Länge. Es könnte das stabförmige Palatinum sein. Über die Gestalt des jedenfalls kleinen dermalen Mesopterygoides (Endopterygoides) und des dermalen Ectopterygoides (Pterygoides) konnte kein sicherer Aufschluß erreicht werden. Die beiden Unterkiefer sind in recht natürlicher Lage erhalten. Das quergestellte Quadratoarticulargelenk ist ca. 4 mm breit. Davor zieht sich der Unterkiefer als gebogene Spange nach vorne und nach der Körpermitte, wo er sich mit dem der anderen Seite in einer Symphyse von ca. 5 mm Länge vereinigt. Während der Unterkiefer in seinem hinteren Teile ventralwärts zu einer Kante zugeschärft ist, verbreitet sich dieser Ventralrand gegen die Symphyse zu einer horizontal gestellten dreieckigen Knochenplatte. Im Gebiete des Processus coronoides besitzt der Unterkiefer eine maximale Höhe von ca. 11 mm. Der Processus coronoides fällt nach vorne und hinten sanft ab. Gegen die Symphyse zu beträgt die Höhe des Unterkiefers nur wenige Millimeter. Die Grenzen der einzelnen Komponenten des Unterkiefers sind nicht sicher erkennbar. Die jedenfalls vorhandene Bezahnung ist deswegen nicht sichtbar, weil der Unterkiefer dem Schädel dicht anliegt. Vom Opercularapparat wurde das dem Hyomandibulare aufsitzende Präoperculum schon bei jenen Knochen mitbeschrieben. Das Operculum ist eine ungefähr dreieckige Knochenplatte, deren Vorderrand sich eine Strecke weit dem Hyomandibulare anschließt, weiter nach vorne zu aber von diesem durch das Interoperculum getrennt wird. Die Befestigung des Operculums an Hyomandibulare geschieht in der üblichen Weise so, daß der Kiemendeckel mit einer leicht konkaven Fläche einem nach hinten gerichteten, gewölbten Fortsatz des Hyomandibulare aufsitzt. Im Oberflächenrelief des Operculum herrscht die Streifung gegenüber der Granulation vor. Die erhabenen Streifen ziehen von der Verbindungsstelle mit dem Hyomandibulare nach unten zum Vorder- und Hinterrande des Knochens. Beiderseits kommen unter dem Operculum die verbreiterten Enden der Branchiostegalradien zum Vorschein. Rechterseits liegt in nahezu natürlicher Lage zwischen Hyomandibulare und Operculum das ca. 2 cm lange Interoperculum. Seine Aussenfläche weist eine kräftige, von vorn nach hinten gerichtete Streifung auf. Der ventrale Rand ist weggebrochen. Auf der linken Seite ist das Operculum, wie schon eingangs erwähnt, in den Raum zwischen Hyomandibulare, Cleithrum und Supracleithrum so hineingedrückt, daß es viel steiler steht, als seiner natürlichen Lage entspricht. Das Interoperculum ist vollständig unter das Quadratum und Hyomandibulare geschoben. So wird seine glatte, leicht konkave Innenfläche sichtbar. Auch hier ist der ventrale Rand weggebrochen.

Vertebra complexa. Weber'scher Apparat.

Wie bei den *Ariidae* überhaupt, ist die Vertebra complexa s. l. fest mit dem Schädel verbunden. An der Übergangsstelle zum Basioccipitale ragt ventralwärts ein kräftiger Knochenzapfen vor. Der Ventralrand der Vertebra complexa ist scharfkantig zugeschärft. Im Innern dieser ventralen, vom Deckknochen gebildeten ventralen Kante verläuft der Aortenkanal. Sein hinterer Eingang ist sichtbar. Der vordere konnte aus den eingangs erwähnten Gründen nicht freigelegt werden. Von der Vertebra complexa gehen seitlich die mächtigen Parapophysen ab. Nach der Beschreibung von BRIDGE und HADDON (1893) entspricht der quere Fortsatz, welcher ungefähr von der Mitte der Vertebra complexa abgeht und sich bei den verschiedenen Welsen in recht verschiedener Weise verhält, der vierten Parapophyse. Er besteht aus einem vorderen und einem hinteren Abschnitt. Der vordere Abschnitt ist hinter dem zum Exoccipitale ziehenden Schenkel des Supracleithrum tief ventralwärts abgebogen, offenbar das Vorderende der Schwimmblase umgebend. Der hintere Teil verbindet sich mit der schon beschriebenen unteren Lamelle des Epioticum. Beide Teile bilden eine einheitliche Platte, welche sich vorne ca. 2,5 cm, hinten etwa 2 cm lateralwärts erstreckt. Ein randlicher, die beiden Teile trennender Einschnitt ist nur schwach angedeutet. Die fünfte Parapophyse ist mit der vierten verwachsen und vergrößert damit die caudale Ausdehnung der Platte. Ob, wie bei rezenten *Ariidae*, noch weitere Wirbel mit der Complexa verwachsen sind, läßt sich nicht feststellen. Der Hinterrand der Parapophysenplatte ist dazu nicht genügend erhalten; die Verhältnisse am Wirbelkörper sprechen eher dagegen. Ich halte die sehr gut erhaltene hintere Gelenkfläche der Vertebra complexa für die caudale Fläche des fünften Wirbelkörpers, der mit der Complexa im engeren Sinne (3 + 4) völlig verschmolzen ist. Die Breite dieser Fläche beträgt ca. 10 mm, die Höhe ist nicht sicher festzustellen, war aber jedenfalls geringer. Die querovale Fläche steht nicht senkrecht zur Achse des Wirbelkörpers, sondern verläuft etwas schräg von hinten — ventral nach vorne — dorsalwärts. In der hinteren Hälfte sind die Bogenteile über den Wirbelkörper weggebrochen. Im vorderen Teil erheben sich die Stützbildungen, welche den Nuchalschild tragen. Eine hintere Stützplatte ist quergestellt, schräg von vorne unten nach hinten oben verlaufend und dabei von unten nach oben an Breite zunehmend. Sie ist am Nuchalschild ca. 10 mm breit, an ihrer Abgangstelle dagegen nur ca. 3 mm. Durch eine sagittal gestellte Knochenlamelle verbindet sie sich mit einem vorderen Stützgebilde der Nuchalplatte, welches ebenfalls schräg von vorne unten nach hinten oben strebt und mit der Nuchalplatte ungefähr in der Mitte von deren Länge zusammentritt. Im Gegensatz zur hinteren Stützplatte verbreitert sich die vordere basalwärts und verbindet sich seitlich mit der vierten Parapophyse an der Stelle, wo diese mit der Epioticum-Lamelle zusammentritt. Nach vorne zu erhebt sich, von der vorderen Stützplatte ausgehend, eine erst sehr niedrige, median gestellte Knochenlamelle, die sich, nach vorne dorsalwärts ansteigend, mit der Knochenplatte verbindet, die median von der Ventralseite des Supraoccipitale abgeht.

Vom WEBER'schen Apparat ist auf beiden Seiten der Tripus erhalten, namentlich in seinem vorderen, horizontal gestellten Teile. Der hintere, ventralwärts abgebogene, sich der Vertebra complexa anschmiegende Teil ist nur auf der linken Seite teilweise erhalten. Der von unten sichtbare Teil des Tripus der linken Seite mißt ca. 14 mm.

Der Schultergürtel ist trefflich erhalten. Die beiden Cleithra treffen in der Medianebene in einer Naht zusammen, die vorne nur leicht gewellt ist, hinten dagegen zwei starke ineinandergreifende Knochenzacken aufweist. Die nach hinten anschließende Symphyse der Hypocoracoide zeigt durchweg eine solche kräftige, grobe Verzahnung. Die Cleithra weisen an ihrer Ventralseite eine weite Grube auf, welche gegen die Abgangsstelle hin in einer Breite von etwa einem Zentimeter knöchern überbrückt ist. Diese Grube wird caudalwärts durch einen Knochenkamm begrenzt, der etwa der Grenze zwischen Cleithrum und Hypocoracoid entspricht. Am hinteren Ende dieses Kammes, medial von der Basis des Pektoralstachels, endet dieser Kamm in einer ventralwärts vorragenden Knochenlamelle. Der ventrale Hinterrand des Schultergürtels verläuft quer zur Längsachse des Körpers. Das Cleithrum endet in zwei Fortsätzen. Der obere Fortsatz legt sich der Innenfläche des Supracleithrum an. Er überragt es nach hinten um einige Millimeter. Dieser Fortsatz ist nahezu glatt. Der ventraler gelegene zweite Fortsatz des Cleithrums ist nach hinten gerichtet, eine dreieckige, grob granulierte Knochenplatte. Eine Freilegung der inneren Teile des Schultergürtels war nicht ratsam; infolgedessen wissen wir nicht, ob ein Mesocoracoidbogen auch hier schon fehlte, wie bei den rezenten *Ariidae*, oder noch vorhanden war. Der Brustflossenstachel ist rechts vollständig, links in seiner proximalen Hälfte erhalten. Dazu finden sich hinter dem rechten Stachel die proximalen Teile von ca. 7 Weichstrahlen, links nur einige spärliche Fragmente von Weichstrahlen. Der rechte Stachel mißt, soweit er von außen sichtbar ist, 6 cm. Im Schultergürtel können höchstens einige Millimeter verborgen sein. Eine Prüfung des distalen Endes ermöglicht die Feststellung, daß die Wachstumsweise des Stachels offenbar dieselbe war, wie bei den rezenten *Ariidae*. (Siehe PEYER 1922, S. 525). Zu dem erhaltenen knöchernen Stachel haben wir uns eine aus wenigen Segmenten bestehende, unverknöcherte Spitze hinzudenken. Sie legt sich an den verknöcherten Stachel längs einer Fläche an, die von dessen terminaler Spitze stark schräg proximalwärts zum Hinterrande des abducierten (Innenrand des adducierten) Stachels verläuft. Dieser Schluß läßt sich daraus ziehen, daß die Begrenzung des zuletzt verknöcherten Stachelsegmentes noch gut erkennbar ist. Es ragt etwas über den Stachelvorderrand vor und endet am Hinterrande in einem spitzen, schräg proximalwärts gerichteten Knochenzäckchen. Auf dieses erste Zäckchen folgen proximalwärts noch deren über 20. Nur die distal gelegenen ragen frei über den Hinterrand vor. Nahe der Stachelbasis zu kommen sie in eine Furche am Stachelhinterrande zu liegen. Die proximalsten Zäckchen verschwinden völlig in dieser Furche. Am Vorderrande des Stachels finden sich nahe der Stachelbasis über 20 nahe beisammenstehende, kleine Höckerchen in einer seichten Furche. Diese Höckerchen haben offenbar nichts mit der ursprünglichen Gliederung des Stachels zu tun, welche nur am distalen Ende erkennbar ist. Ober- und Unterseite des Stachels sind rauh gerieft. Die erhabenen Längsleisten verlaufen nicht streng parallel zueinander, sondern sie gehen ineinander über. Der Querschnitt des Stachels erscheint schwach dorsoventral komprimiert.

Rumpfwirbel.

In der Gesteinsmasse, die zur Freilegung der Vertebra complexa entfernt werden mußte, fanden sich zwei Rumpfwirbel von ca. 6 mm Durchmesser. Sie sind tief amphicoel. An einem von ihnen sind die Basen der Querfortsätze und der Neuralbogen erhalten. Die Dicke der Wirbelkörper (craniocaudale Ausdehnung) beträgt etwa 3,5 mm.

b) Flossenstacheln.

Im Besitze der Sammlungen des Senckenbergischen Institutes in Frankfurt a. M. befindet sich ein kleiner rechter Pectoralstachel eines *Siluriden*. Die äußerste Spitze ist weggebrochen. Der Stachel ist dorsoventral nur sehr wenig abgeplattet. Auf 3 mm dorsoventralen Durchmesser kommen 4 mm in der Richtung senkrecht dazu. Gegen das distale Ende hin finden sich am Hinterrande feine Knochenzäckchen. Der Stachel ist etwas gekrümmt, nach vorne konvex gebogen. An der Basis ist der dorsale Führungswulst kräftig ausgebildet. Es scheint sich ebenfalls um einen *Ariiden*stachel zu handeln. Eine sichere Bestimmung ist mir nicht möglich.

IV. Welsreste aus der Qasr-es-Sagha-Stufe.
(Fluviomarines Obereocän im Norden des Fajûm).

a) Der Erhaltungszustand des Materials.

Nicht nur die Umstände vor und bei der Einbettung eines organischen Restes und während der Gesteinsbildung sind für die Qualitäten eines Fossils ausschlaggebend, sondern oft auch die Verhältnisse zu der Zeit, wo das Fossil wieder in oberflächlicher Lage oder direkt an die Erdoberfläche geraten ist. So günstig ein arides, ein Wüstenklima im großen ganzen der Erhaltung von Fossilien ist, so bedeutend können die Veränderungen werden, welche ein Fossilrest vom Moment seines teilweisen oder völligen Freiliegens in der Wüste durchzumachen hat. Bei den aus dem Norden des Fajûm stammenden Welsresten ist die Oberfläche der Knochen zum Teil in aller Feinheit erhalten, offenbar bei Funden, die in einer größeren Tiefe gegraben wurden. Bei der Mehrzahl ist sie eigenartig rauh und von Rissen und Sprüngen durchsetzt, die zum Teil auf schroffe Temperaturgegensätze zurückgehen mögen. Dabei haben mineralische Umsetzungen stattgefunden, nicht selten eine Umwandlung in Gips, bei der eine Erkennung der Struktur des Knocheninnern nicht mehr möglich ist, so gut das äußere Relief dabei auch ausgeprägt sein mag.

Wo Knochen einander auflagerten, hinterlassen sie einander Eindrücke. Kleinere Deformierungen, wie Aufblähungen und Verbiegungen scheinen nicht selten zu sein, sodaß bei der Angabe von Maßen solcher Stücke immer eine gewiße Vorsicht am Platze ist. Die Oberflächenbeschaffenheit der meisten Stücke ist besonders für eine exakte Feststellung des Verlaufes von Knochenspuren äußerst ungünstig.

b) Die Gattung *Fajumia* Stromer.

Von *Fajumia* lag mir folgendes Material vor: die Originale zu Stromer (Neues Jahrb. f. Mineralogie etc. 1904 Taf. I, Figur 1, ein Schädel). Orig. zu Stromer, loc. cit. Taf. I, Figur 2.

Die von L. Neumayer (1913) untersuchten und beschriebenen Schädelausgüsse — der der Beschreibung von *Fajumia Schweinfurthi* zu Grunde gelegte vollständige Fund (Textfigur 1 und Tafeln I bis III) dazu noch mindestens 7 ordentlich erhaltene Schädel und eine größere Anzahl weniger vollständiger Schädelreste; die Vertebra complexa in nur wenigen Stücken, leider nicht von sehr guter Erhaltung; Brustflossenstachel mit und ohne Teile des Schultergürtels, Nuchalplatten und Rückenflossenstacheln.

Zu *Fajumia Stromeri*, nov. spec. konnten nur drei Stücke gestellt werden, ein ordentlich erhaltener und ein ziemlich defekter Schädel, dazu ein Bruchstück des Schädeldaches. Infolgedessen ist es nicht möglich, einzelne Flossenstacheln von *Fajumia* spezifisch zu bestimmen, bevor wir wissen, ob sich *Fajumia Stromeri* hierin von *F. Schweinfurthi* unterscheidet. (Über die Unterschiede der Stacheln von *Fajumia* und *Socnopaea* s. S. 35.)

Ich habe auf die Wiedergabe von Maßen aller der aufgezählten Fundstücke deshalb verzichtet, weil sie in der Mehrzahl ungefähr mit der Größe der beschriebenen Funde übereinstimmen. Wesentlich größere Stücke kommen nicht vor, dagegen naturgemäß einige beträchtlich kleinere[1]).

Fajumia Schweinfurthi, Stromer.

Seit der Aufstellung dieser Gattung und Art durch Stromer (Neues Jahrbuch für Mineralogie 1904, Bd. 1. S. 1—7, Taf. I, Fig. 1, 2) ist unsere Kenntnis dieser Form durch eine ganze Anzahl neuer Funde bereichert worden, namentlich durch den nahezu vollständigen, von Prof. v. Stromer persönlich in Ägypten ausgegrabenen Schädel, den Taf. I und Textfig. 1 wiedergeben.

---

[1]) Wenn man an die so sehr variierende Größe des rezenten *Siluris glanis* denkt, so wird man für die Systematik der Welse nur den approximativen, maximalen Maßzahlen eine gewisse Bedeutung zuerkennen. Wie oben ausgeführt, sind die beschriebenen Stücke von *Fajumia* nicht vereinzelte Riesenexemplare, sondern die meisten Funde haben mehr oder weniger dieselbe Größe. Natürlich darf man aus diesen Größenverhältnissen keine weiteren Schlüsse ziehen, da alle möglichen Umstände die Auslese der schließlich in die Museen gelangenden Stücke beeinflußt haben können.

Die Schädellänge beträgt in der Medianlinie 31 cm. (Seitlich reichen die Gelenkvorsprünge des Supraoccipitale zur Verbindung mit der Nuchalplatte noch einen Zentimeter weiter nach hinten. (Siehe Taf. I, Fig. 1.) An das Supraoccipitale schließt sich nach hinten die erste Nuchalplatte mit 6,3 cm Länge, und darauf die zweite, wahrscheinlich aus mehreren Stücken verschmolzene Platte, welche die Basis des Sperrstückes und des Dorsalstachels umgibt und deren Länge etwa 8 cm beträgt, Taf. II, Fig. 7 und Textfig. 2. Also Schädel und Nuchalplatten rund 45 cm, vermutliche Länge des ganzen Fisches ca. 135 cm.

Das Neurocranium ist schmal und langgestreckt, vorne etwas, hinten ziemlich stark verbreitert. Die vordere Stelle größter Breite befindet sich zwischen den Ectethmoidea; die Breite beträgt hier nahezu 16 cm. Davor greifen die Praemaxillarien noch weiter seitlich aus[1]). Die Distanz zwischen ihren lateralen Endpunkten ist 19 cm. Nach der Mitte zu verschmälert sich der Schädel bis auf 9,5 cm. Das Sphenoticum ist wieder etwas ausgebuchtet, und in der hintern Schädeldecke springt das Pteroticum jederseits lateralwärts kräftig vor. Siehe Taf. I, Fig. 1a. Die größte Breite zwischen den Pterotica beträgt ca. 16 cm.

Das rauh granulierte Schädeldach ist mehr oder weniger eben, abgesehen von folgenden Ausnahmen: (Siehe Taf. I, Fig. 1a.)

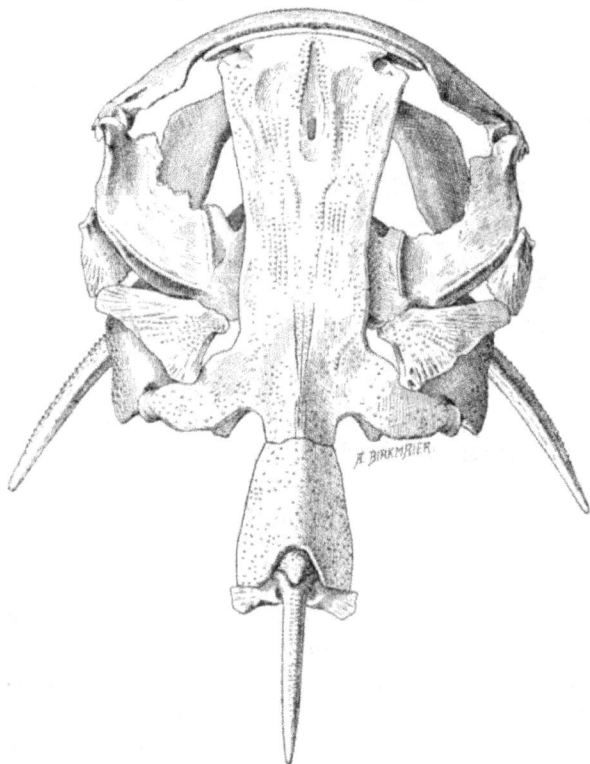

Textfig. 1. *Fajumia Schweinfurthi* Stromer. Qasr-es-Sagha-Stufe (Ob. Eocän). Vollständiger Schädel, Dorsalansicht, Verkl. 1/6 (Exemplar c). Senckenberg. Inst. Frankfurt.

1. Zwischen Mesethmoid und Ectethmoid jederseits findet sich eine breite, ziemlich tiefe Grube.
2. Die Fontanelle sitzt am Grunde einer tiefen Grube in der vordern Schädelhälfte. Nach der Schädelmitte zu ist diese Vertiefung nahezu verschwunden; nach hinten zu ist sie wieder schärfer ausgesprochen in Gestalt einer medianen, nicht sehr tiefen Rinne und zweier seitlicher, nach hinten konvergierender tiefer Furchen.
3. Das Supraoccipitale bildet einen flachen Kamm, dessen beide Seiten in einem Winkel von 115 bis 120° zusammenstoßen. Zudem erhebt es sich, nach hinten ansteigend, über das Niveau des übrigen Schädeldaches.
4. Die Pterotica sind etwas ventralwärts abgebogen.

---

[1]) Zwischen dem Mesethmoid und dem Ectethmoid jederseits ist der Schädelumriß eingebuchtet. Siehe Taf. I, Fig. 1a.

Die Skulptierung des Schädeldaches, wie auch der Nuchalplatten, des Cleithrums, Supracleithrums und des Operculums ist charakteristisch. Während bei *Socnopaea* die einzelnen Granula klein, halbkugelförmig oder noch flacher sind, sind es bei *Fajumia* kräftige, manchmal 3 bis 4 mm hohe Kegel mit stumpfer Spitze. Bei *Socnopaea* ist die mediane Längsgrube, in deren Grunde die Fontanelle sitzt, glatt, bei *Fajumia* haben die Granulationen auch den größten Teil dieser Senke occupiert, was den Eindruck eines sekundären Vorganges macht (siehe Taf. I, Fig. 1a). Die Granula sind, namentlich in der mittleren Schädelpartie, in Längsreihen angeordnet. Starke Längsreihen von Granula umgeben auch den vordern Teil der Fontanellengrube.

Auf einem Medianschnitt würde der Schädel ungefähr dreieckig erscheinen, denn der Abstand von der Schädelober- zur Unterseite beträgt vorne nur etwa 1¹/₂ cm, hinten dagegen der Abstand vom ventralsten Punkt des Basioccipitale zur Oberfläche des Supraoccipitale ca. 9 cm.

Das Supraoccipitale läßt sich nicht genau abgrenzen. Der die mittlere vorspringende Partie des Schädelhinterrandes bildende Teil besitzt eine Breite von etwa

Textfig. 2. *Fajumia Schweinfurthi* STROMER. Qasr-es-Sagha-Stufe (Ob. Eocän). Dorsalansicht des Schädels, hinterer Teil, anschließend Supracleithrum und Nuchalschild. Verkl. ¹/₃. Bayr. Staatss. München.

6¹/₂ cm. Der Knochen ist hier außerordentlich stark; er besitzt eine Dicke von ca. 17 mm; am Seitenrande beträgt die Dicke immerhin noch 5 mm. Die ventrale Fläche dieses Teiles des Supraoccipitale verläuft nahezu horizontal. Von ihr geht in der Mediansagittalen eine kurze vertikale Platte ab, welche an ihrem untern Rande eine Rinne besitzt zur Verbindung mit der Processus-spinosus-Platte der Vertebra complexa. Die Grenze zwischen Supraoccipitale und Pteroticum ist als feine Linie auf kurze Strecke erkennbar am Grunde des bogenförmigen Anschnittes jederseits am Schädelhinterrande, von wo sie, leicht konvergierend, nach vorne zieht. (Auf Taf. I, Fig. 1a nicht dargestellt). Die Grenze zwischen Pteroticum und Sphenoticum ist nicht genauer verfolgbar, wohl aber die zwischen Sphenoticum und Frontale, welche vom Schädelseitenrande schräg nach hinten und innen zieht.

Die Abgrenzung der vordern Knochen des Schädeldaches gegeneinander ist nicht erkennbar. Die bei Welsen sehr oberflächlich liegenden und kleinen Knochen Lacrymale und Nasale sind nicht erhalten.

Die Ansicht des Schädels von hinten (siehe Taf. II, Fig. 1) zeigt die schon bei der Beschreibung des Schädeldaches geschilderten Formverhältnisse des Supraoccipitale (siehe S. 26). Das Foranum magnum besitzt zirka einen Zentimeter Durchmesser. Die Hinterfläche des Basioccipitale ist queroval, ihr horizontaler Durchmesser beträgt 4,5 cm, der vertikale knapp 4 cm. Die Grenzlinie zwischen Epiotica und Exoccipitalia ist nicht feststellbar; jedoch

4*

gehört der unter dem Pteroticum schräg nach hinten ziehende Fortsatz schon dem Epioticum an. Er bildet mit dem Pteroticum zusammen eine Gabel, welche den obern Gabelast des Supracleithrum umfaßt.

Die Ventralansicht des Schädels (Taf. I, Fig. 1b) gewinnt dadurch ein charakteristisches Gepräge, daß sich das Parasphenoid nach vorne stark verschmälert. Seine hintere Abgrenzung ist nicht feststellbar, wohl aber diejenige gegen den Vomer (siehe Taf. I, Fig. 1b). Im Exoccipitale ist auf der einen Seite das Vagusloch erkennbar, aber in Taf. I, Fig. 1b durch eine seitliche Knochenausladung, die wahrscheinlich noch dem Basioccipitale angehört, verdeckt. Dieser Fortsatz, oder eine ventral davon befindliche Unebenheit, scheint mit der Befestigung des untern Gabelastes des Supracleithrums zusammenzuhängen. Die Gegend der Periotica ist leicht aufgetrieben, ohne daß aber eine ausgesprochene Bulla entwickelt wäre. Die Gelenkgrube für das Hyomandibulare ist reichlich 7 cm lang und verläuft hauptsächlich im Sphenoticum; zuhinterst ist aber auch das Pteroticum daran beteiligt. Sie wird durch eine nach außen und vorne verlaufende Erhebung in zwei Gruben zerlegt. Die Ränder der Grube sind unscharf, weshalb sie auf Taf. I, Fig. 1b nicht sehr hervortritt.

Jederseits vom Parasphenoid liegt eine weite Grube, hinten begrenzt vom Pteroticum, vorne vom Ectethmoid, und überdacht von Sphenoticum und Frontale, welche hier als außerordentlich starke Knochenplatten entwickelt sind. Eine Abgrenzung der Ali- und Orbitosphenoide ist nicht möglich. Sehr deutlich ist der Vomer erhalten. Siehe Taf. I, Fig. 1b. Er wurde in der Originalbeschreibung der Art von Stromer infolge der unvollständigen Erhaltung der ersten Funde als Praemaxillare aufgefaßt. Der Vomer besteht aus zwei quergestellten, in einer Ausdehnung von 3 cm erhaltenen schmalen Zahnplatten, die in der Mitte durch einen Zwischenraum von einigen Millimetern unterbrochen sind[1]. Auf der linken Seite (in der Fig. 1b, Taf. I, rechts) befindet sich in dislocierter Stellung ein weiteres, 3 cm langes Stück einer zahntragenden Platte. Sie stellt wahrscheinlich eine nach hinten umbiegende Fortsetzung der zahntragenden Vomerpartie dar, wie sie unter den rezenten Welsen z. B. *Arius luniscutus* (Brit. Museum, Fischskelette 833) aufweist. Die verschiedene Ausbildung der zahntragenden Partien des Vomer ist bei Welsen offenbar nur von untergeordneter systematischer Bedeutung. So kommen z. B. innerhalb der Gattung *Arius* in dieser Hinsicht sehr große Unterschiede vor. Wahrscheinlich werden sogar die Arten hierin eine gewisse Variationsbreite aufweisen.

Vor dem Vomer, in der Mitte unmittelbar an ihn anschließend, seitlich durch einen Zwischenraum davon getrennt und weit darüber hinausreichend, liegen die Praemaxillaria, 10 cm lange schmale Knochenplatten (siehe Taf. I, Fig. 1a und 1b). Die Zähne sind nicht erhalten, wohl aber die Grübchen, in denen sie saßen. Diese bald kreisrunden, bald unregelmäßigen Grübchen haben einen Durchmesser von 2—3 mm. Sie bilden ein Pflaster, in dem sich die hintersten Zahngruben, welche bei weitem die stärksten sind, als Reihe abheben.

Nuchalplatten und Dorsalstachel.

Die erste Nuchalplatte (siehe Taf. II, Fig. 7) setzt den flachen Kamm des Supraoccipitale nach hinten fort. Ihren ungefähr unregelmässig sechseckigen Umriß zeigt Taf. II, Fig. 7. Sie ist 6,3 cm lang; ihre größte Breite beträgt nahezu 8 cm.

---

[1] Hinter diesen Zahnplatten setzt sich der Vomer als glatte Knochenplatte nach hinten bis zum Parasphenoid fort, mit dem er durch eine tief zerschlitzte Naht verzahnt ist.

Auf der Unterseite gibt die Platte eine von vorn nach hinten an Dicke abnehmende, an Höhe zunehmende vertikale, median gestellte Platte ab. Seitlich vom Vorderende dieser Platte findet sich jederseits eine grubige Vertiefung, in welcher der S. 26 beschriebene Gelenkfortsatz des Supraoccipitale hineinpaßt. Die Dicke der Nuchalplatte nimmt von der Mitte nach dem Seitenrande zu ab, beträgt aber selbst am Rand noch 5—6 mm. Der nach hinten vorspringende Teil der Platte wird von zwei in stumpfem Winkel sich schneidenden Geraden begrenzt. Dieser flache Keil paßt in einen entsprechenden Ausschnitt des nächstfolgenden Stückes, das wahrscheinlich aus 3 Komponenten zusammengesetzt ist und das Sperrstück, sowie den Dorsalstachel trägt. Seine vordere Breite beträgt 7,6 cm. Nach hinten nimmt die Breite zu, läßt sich aber infolge teilweiser Zertrümmerung nicht genauer feststellen. Von der Unterfläche ziehen zwei Flossenstachelträger schräg ventralwärts und nach vorne. Der vordere geht unmittelbar hinter dem Vorderrande ab; er mißt 4 cm und ist ungefähr dreikantig. Der hintere mißt nahezu 9 cm. Seine hintere Fläche geht direkt in dorsale Fläche über, wo er den zur Führung des Flossenstachels dienenden Ring bildet.

Das Sperrstück ist kurz, gedrungen. Seine Spitze ist weggebrochen; der über die Nuchalplatte hervorragende Teil dürfte aber kaum länger als 2 cm gewesen sein. Auf der Unterseite der Nuchalplatte kommen die gedrungenen Gabeläste des Sperrstückes zum Vorschein. Es reitet damit auf der vertikalen Lamelle, welche die Basis des Führungsringes für den Dorsalstachel bildet. Der hinterste Teil der Nuchalplatte ist etwas zertrümmert und die Teile sind aus ihrer natürlichen Lage verschoben. Immerhin läßt sich feststellen, daß der hinterste Teil der Platte nicht granuliert, sondern glatt ist, und ferner, daß im Gegensatz zu *Socnopaea* die Breite der Platten eher ab- als zunimmt.

Der Dorsalstachel (siehe Textfig. 14, S. 48) ist rauh granuliert, von kräftiger Gestalt und ein wenig nach hinten gekrümmt. Seine Länge beträgt nahezu 17 cm. Die Stachelbasis ist quer verbreitert; der Stachel selber dagegen etwas seitlich komprimiert, sodaß nahe der Basis auf einem Querschnitt der rostro-caudale Durchmesser etwa 2,5 cm, der größte transversale Durchmesser dagegen, nahe dem Hinterrande, nur knapp 2 cm beträgt.

Die Vorderfläche des Stachels ist nahe der Basis gerundet; distalwärts findet sich eine unscharfe Kante. Auf der Hinterfläche verläuft eine undeutliche Furche. Das äußerste Stachelende ist nicht erhalten. Jedenfalls war es, wie bei den rezenten *Siluriden*, nicht verknöchert.

Unterkiefer, Hyomandibular- und Opercularapparat.

Taf. III Fig. 1a und 1b geben eine Außen- und Innenansicht des Unterkiefers. Er ist ein gleichmäßig kräftig ausgebildetes Knochenband von nahezu 21 cm größter Länge (die Krümmung nicht mitgerechnet). Durch die in situ erhaltenen Praemaxillaria, sowie den ebenfalls vollständigen Suspensorialapparat ergibt sich die Stellung des Unterkiefers (siehe Textfig. 1). Der leicht gebogene Dentalteil steht direkt quer zur Längsachse des Schädels. Die proximale Unterkieferhälfte verläuft in flachem Bogen nach außen und hinten. Die Distanz zwischen den äußersten Punkten der beiden Articularia bei geschlossenem Maul beträgt ca. 38 cm, also eine recht ansehnliche Kopfbreite. Die labiale Kieferfläche, von welcher Taf. III, Fig. 1a eine Ansicht gibt, steht bei geschlossenem Maul nicht senkrecht, sondern verläuft etwas schräg von oben innen nach unten aussen. Die Gelenkgrube für das Quadratum ist relativ schmaler, als bei *Socnopaea*. Unmittelbar distal davon erhebt sich ein Coronoidfortsatz. Unter demselben findet sich auf der Innenseite eine tiefe Grube, welche jedenfalls von Resten des Meckel'schen Knorpels ausgefüllt war (Taf. III, Fig. 1b). Der zahntragende Teil des Dentale ist ein an der Symphyse 2 cm breites Band, das von da nach außen gleichmäßig an Breite abnimmt. Die Unterkiefersymphyse ist von langgestreckt dreieckiger Form, die Spitze des Dreiecks ist nach unten gerichtet (siehe Taf. III, Fig. 1b). Der Unterrand des Kiefers ist zugeschärft. Die Höhe der Symphyse beträgt ca. 4,8 cm, die Distanz vom Kieferunterrand bis zur Spitze des Coronoidfortsatzes ca. 8 cm.

Quadratum, Hyomandibulare und Praeoperculum bilden einen Knochenkomplex, dessen Formverhältnisse Taf. II, Fig. 3a und 3b wiedergeben. Von dem anschließenden Metapterygoid sind Fragmente vorhanden, die aber nicht mit Sicherheit zu orientieren sind und deshalb nicht mitmontiert wurden.

Der Gelenkteil des Hyomandibulare ist sehr ausgedehnt. Er umfaßt einen hintern Hauptteil, dessen Gelenkfläche auf der Dorsalansicht (Taf. II, Fig. 3b) zum Teil sichtbar ist. Dieser Teil ist vorne am dicksten und verjüngt sich allmählich nach hinten. Davor springt ein kräftiger Fortsatz vor, der ebenfalls mit dem Sphenoticum gelenkt. Ca. 3 cm distal vom Gelenkende geht eine nach dem Schädel zu gerichtete kurze Knochenlamelle ab, von der jedoch an dem Taf. II, Fig. 3 abgebildeten Stück nur die Basis erhalten ist. Am Hinterrande springt eine nahezu 2 cm lange, nach hinten und etwas nach außen gerichtete Gelenkfläche für das Operculum vor. Dem Hinterrande des Hyomandibulare sitzt das in schwachem Bogen verlaufende Praeoperculum auf. Es ist mit der Unterlage völlig verwachsen. Nach innen vom distalen Ende des Praeoperculum ist eine große Austrittöffnung für einen Ast des *N. facialis* zu sehen (Taf. II, Fig. 3b). Das Quadratum scheint, vom distalen Ende her gemessen, etwa 6 cm proximalwärts zu reichen; doch ist die Grenze nicht völlig sicher. Das Quadrato-articulargelenk ist als Sattelgelenk ausgebildet. Die Ventralansicht des Knochens (siehe Taf. II, Fig. 3a) bietet, abgesehen von einem großen proximalen Fascialisloch, nichts weiter Bemerkenswertes.

Das Operculare ist ein ungefähr dreieckiger, auf der flach gewölbten Außenseite kräftig skulptierter Knochen. Taf. II, Fig. 6 gibt das Muster der Skulptierung wieder. Die größte Länge des Knochens beträgt ca. 12 cm. Die Unterseite ist schwach konkav. Nach vorne schließt an das Operculum das kleine, schlecht erhaltene Interoperculum (Taf. I, Fig. 3). Seine Außenseite ist nicht granuliert; sie weist nur eine schwache Steifung auf, wie sie ähnlich auch am Vorderrande des Operculums auftritt. Die Außenseite ist ferner stark gewölbt, die Innenseite etwas konkav. Nach vorne ist der Knochen etwas zugespitzt. Am Hinter- bzw. Innenende ist ein Stück weggebrochen, das sich vermutlich als dreieckiger Fortsatz zwischen Operculum und Praeoperculum einschob.

Hyoid.

Das Hyoid zeigt die bei Welsen häufige Gestalt, wie sie Taf. I, Fig. 2a und 2b wiedergeben. Die Grenze zwischen dem verbreiterten Cerato- und Epihyale ist sehr deutlich, während das Hypohyale weniger deutlich abgegrenzt ist. Der verbreiterte Teil von Cerato- und Epihyale ist nach innen schwach konkav, nach außen gewölbt.

Taf. III, Fig. 2a und 2b geben eine Dorsal- und Ventralansicht des Urohyale. Gut erhalten ist nur die vorderste Partie. Sie ist 4,8 cm breit. In der Mitte springt ein stumpfer

Fortsatz vor; dahinter ist der ventrale Rand aufgeworfen. Da der Knochen im übrigen nur unvollständig erhalten ist, läßt sich seine Länge nicht mehr genau feststellen; die Länge des erhaltenen Stückes beträgt 8,5 cm. Auf der dorsalen Fläche erhebt sich median eine vertikale Knochenplatte, von der nach vorn seitliche, wagrechte Verbreiterungen ausgehen. Die vertikale Platte nimmt von vorn nach hinten nach Höhe zu, ist aber in der hintern Partie weggebrochen.

Vertebra complexa (sensu lato).

Taf. II, Fig. 5. — Als Vertebra complexa wird bei *Siluriden* von BRIDGE und HADDON u. a. das aus dem zweiten, dritten und vierten Wirbel entstandene Verschmelzungsprodukt bezeichnet. Damit ist aber oft auch der erste Wirbel fest verbunden, hinten der fünfte und manchmal auch noch der sechste oder noch mehr Wirbel. Bei den vorliegenden fossilen *Siluriden* ist infolge des Erhaltungszustandes nicht mit Sicherheit zu ermitteln, wieviel Wirbel in dem komplexen Stücke enthalten sind, das bei *Fajumia* und *Socnopaea* als selbständiger Knochen, bei *Ariopsis* in fester knöcherner Verbindung mit dem Schädel vereinigt, auftritt. Ich brauche daher den Ausdruck Vertebra complexa sensu lato für alle zu einem einheitlichen Anfangsteil der Wirbelsäule vereinigten Wirbel, nicht nur für den zweiten, dritten und vierten, die Vertebra complexa sensu stricto.

Leider fehlt an dem sonst so überaus gut erhaltenen Frankfurter Exemplare die Vertebra complexa. An verschiedenen andern Stücken läßt sich aber über diesen Knochenkomplex folgendes feststellen:
1. Sie ist nicht mit dem Basioccipitale ancylosiert.
2. Sie besitzt für die Aorta nicht einen geschlossenen Kanal, sondern eine offene Rinne (aortic groove).
3. Die Parapophysen bilden keine proximal einheitliche Platte, sondern sind bis nahe an den Wirbelkörper getrennt.
4. Parapophysis IV. Ihr vorderer Teil ist kräftig entwickelt. Ihr lateralster Punkt hat 8 cm seitlichen Abstand von der Medianebene. Es ist eine mehr oder weniger horizontal gestellte, nur zuäußerst leicht ventralwärts abgebogene Knochenlamelle, an der Basis breit, nach außen sich verjüngend. Das distale Ende scheint mit dem Supracleithrum fest verbunden gewesen zu sein. Von dieser Platte erhebt sich, schräg nach hinten ansteigend, eine Knochenplatte, die in einen Processus spinosus übergeht. An dem Münchner Exemplare ist sodann ein schmaler, schräg nach hinten und außen gerichteter Fortsatz erhalten, der jedenfalls als Parapophysis IV, pars posterior aufzufassen ist. Am hintern Ende befand sich wahrscheinlich noch eine kleine Parapophysis V, von der aber nur unsichere Andeutungen vorhanden sind.

Vom Tripus des WEBER'schen Apparates sind nur Fragmente vorhanden. Er dürfte nach diesen eine mutmaßliche Länge von knapp 6 cm besessen haben.

Die vordere Wirbelkörperfläche der Vertebra complexa erscheint seitlich komprimiert; das vorderste Ende ist an dem beschriebenen Münchner Exemplare weggebrochen. Möglicherweise war da der erste Wirbel etwas weniger fest verschmolzen, aber jedenfalls nicht so scharf abgesetzt, wie z. B. beim rezenten *Bagrus*. An einem Stück der SENKENBERG'schen Sammlung ist die Trennungsfläche zwischen dem ersten Wirbelkörper (der hier ebenfalls fehlt) und dem Rest, der eigentlichen complexa, in derselben Weise ausgebildet. Über der

Aortengrube erhebt sich ein rostalwärts etwas vorspringender Keil: seitlich davon verläuft die Grenzfläche schräg nach außen und vorn. Ebenso verläuft dorsal eine schräg gerichtete Fläche von hinten innen nach oben vorne. Der Neuralkanal, der hier gut erhalten ist, ist vorne etwas trichterförmig erweitert. Der Querdurchmesser dieser Erweiterung ist größer als ihr Vertikaldurchmesser.

Die Aortengrube ist an der besterhaltenen Stelle (im vorderen Drittel der Vertebra complexa) ca. 12 mm tief und hat etwa 8 mm größten Transversaldurchmesser. Der Wirbelkanal ist schlecht erhalten.

An dem Frankfurter Exemplar reicht der tief bogenförmige Einschnitt zwischen vorderem und hinterem Teil der Parapophysis IV bei weitem nicht bis an den Wirbelkörper heran, sondern bleibt ca. 2 cm davon entfernt. Der Tripus ist auf einer Seite in Bruchstücken erhalten als sehr dünne horizontale Knochenlamelle.

Wirbel.

Mit dem *Fajumia*-Skelett der Senkenberg'schen Sammlung zusammen wurden neun einzelne Wirbel gefunden. Taf. II, Fig. 2a und 2b geben eine Vorder- und eine Rückansicht von einem derselben.

Der Durchmesser der Wirbelscheiben beträgt 4 cm; ihre durchschnittliche Tiefe 1,5 cm. Die Wirbelkörper sind flach amphicoel; die Stelle der größten Eintiefung bzw. der größten Ausdehnung der Zwischenwirbelscheiben ist dorsalwärts verschoben (siehe Taf. II, Fig. 2). Der Wirbelkörper besitzt seinen größten Umfang in der Mitte seiner rostro-caudalen Ausdehnung, sodaß es aussieht, wie wenn um jeden Wirbel ein ca. 7 mm breiter Verstärkungsreifen gelegt wäre. Die Ränder dieses Reifens springen stark vor; in der Mitte verläuft eine unregelmäßige Furche. Nach vorn und nach hinten von diesem Reifen verjüngt sich der Wirbel nach der vordern und hinteren Gelenkfläche hin, sodaß zwischen je zwei Verdickungszonen eine breite Hohlkehle gebildet wird, deren vordere Hälfte der caudalen Partie eines Wirbelkörpers, deren hintere der rostralen Partie des nächstfolgenden Wirbelkörpers angehört.

Nach den wenigen vorhandenen Wirbeln läßt sich natürlich nicht feststellen, ob die ganze Wirbelsäule so beschaffen war.

An dem abgebildeten Wirbel sind ca. 3,8 cm lange Querfortsätze erhalten. Die obern Bogen umgeben den weiten Vertebralkanal. Der Dornfortsatz könnte gespalten gewesen sein, was für einen der vordersten freien Wirbel sprechen würde.

Ferner sind Gelenkfortsätze vorhanden, von denen die vorderen zusammen einen breiten Keil, die hintern die umschließende Höhlung bilden, wobei die Gelenkflächen der Praezygapophysen diejenigen der Postzygapophysen überdecken.

Schultergürtel.

An dem Frankfurter Exemplar ist ein großer Teil des Schultergürtels vorzüglich erhalten (siehe Textfig. 1 und Taf. II, Fig. 4). Zunächst fällt in die Augen das in seiner hinteren Partie bogenförmig ausladende Cleithrum. Es ist in großer Ausdehnung grob skulpiert. Die Granulation trägt denselben Charakter, wie diejenige der Schädelknochen. Am obern Ende erhebt sich vor der skulpierten Platte ein an seiner Abgangsstelle ca. 4,2 cm breiter, oben bogenförmig ausgeschnittener Fortsatz, dessen vorderer Zipfel um ca. 2 cm höher hinaufreicht als der hintere. Er dient zur Verbindung mit dem Supracleithrum. Der ventrale Teil des Schultergürtels ist weniger gut erhalten. Das Cleithrum verjüngt sich nach der Symphyse zu. Ob ein Mesocoracoidbogen vorhanden war, läßt sich nicht feststellen. Da medialwärts vom Brustflossengelenk sehr viel weggebrochen ist, so wissen wir auch nichts über das Verhalten der Hypocoracoide, das systematisch von Bedeutung wäre.

An einem Exemplar der Münchner Sammlung (siehe Textfig. 2) ist das Supracleithrum in Verbindung mit dem Schädel erhalten. Es ist zwischen Pteroticum und Epioticum eingekeilt. Die durch diese Knochen gebildete Höhlung zeigt Taf. II, Fig. 1; in der Dorsalansicht ist davon nichts zu sehen. Der obere Gabelast des Supracleithrums schließt sich als breite Platte eng an das Pteroticum an. Die Oberfläche beider Knochen bildet eine Ebene und die grobe Granulierung des Pteroticums setzt sich auf das Supracleithrum fort. Nur das hintere Ende, das zum Körper des Knochens (stem of supracleithrum) gehört, ist glatt. Vom untern Gabelast ist nur die Basis erhalten; der Rest ist weggebrochen. Er scheint aber, zum mindesten bei *Fajumia Stromeri*, eine recht kräftige Knochenspange gebildet zu haben.

Fajumia Stromeri nov. spec.

Unter den zahlreichen *Fajumia*-Schädeln der verschiedenen Museen finden sich in der Münchner Sammlung drei Schädel, die in der Schädelform und im Relief des Schädeldaches so stark von *Fajumia Schweinfurthi* abweichen, daß es sich zweifellos um eine andere Art handelt. Ich benenne sie nach meinem um die Wirbeltierpalaeontologie Ägyptens so hochverdienten Lehrer *Fajumia Stromeri*.

Die Unterschiede von *F. Schweinfurthi* zeigen Taf. IV, Fig. 1 und die Textfig. 3. Der Beschreibung lege ich den Taf. IV, Fig. 1 abgebildeten Schädel zu Grunde. Die Hauptschädelmaße, die als solche für die Diagnose nicht in Betracht kommen, sind folgende: Länge des Schädels (ohne prmx) 32 cm. Größte Breite zwischen den Ectethmoidea ca. 13 cm. Größte Breite zwischen den Pterotica ca. 14 cm. Länge der Schädelbasis vom Mesethmoid bis zum Hinterrand des Basioccipitale ca. 25 cm. Darüber springt das Supraoccipitale noch 7 cm nach hinten vor.

Das zweite Exemplar (nur eine mittlere und hintere Schädelpartie, an der die seitlichen Teile weggebrochen sind), ist nahezu gleich groß.

Zur Unterscheidung der beiden Arten sind folgende Merkmale zu nennen:

1. Das Supraoccipitale besitzt auf seiner dorsalen Fläche keinen medianen First, sondern es ist flach gewölbt. Es springt viel weiter frei nach hinten vor und es ist an der Stelle, wo es aus dem Schädelhinterrande frei hervortritt, ca. 8 cm breit, also breiter als bei *F. Schweinfurthi*.

Textfig. 3. *Fajumia Stromeri* spec. nov. Qasr-es-Sagha Stufe (Ob. Eocän) Verkl. ¹/₃. Ventralansicht des Schädels. Bayr. Staatss. München.

Siehe Taf. IV, Fig. 1.

Die Fortsätze, welche zur Gelenkung mit der ersten Nuchalplatte dienen, stehen näher beieinander (sie sind beide an ihrer Basis abgebrochen und daher in Taf. III, Fig. 2 nicht sichtbar. Davor verläuft der Hinterrand des Supraoccipitale bei *F. Schw.* quer, bei *F. St.* findet sich an derselben Stelle ein dreieckiger Ausschnitt. Die größere caudale Ausdehnung des Supraocc. zeigt einen Vergleich von Textfig. 3 und Taf. I, Fig. 1 b.

Durch die verschiedene Ausbildung des Supraoccipitale war jedenfalls der ganze Schädel-hinterrand in seinem Umriß stark verschieden von *Fajumia Schweinfurthi*, doch reicht der Erhaltungszustand nicht zu einer Rekonstruktion dieses Umrisses. Wie Textfig. 3 zeigt, war auch der Seitenrand des Schädeldaches verschieden gestaltet.

Die Einziehung des Schädels vor der hintern Stelle größter Breite (zwischen den Ptero-tica) ist vorhanden, aber bei weitem nicht so stark, als bei *Fajumia Sehweinfurthi*; dafür ist das Sphenoticum nicht lateralwärts ausgebuchtet.

Relief der Schädeloberfläche: Die Grube, welche die Fontanelle umgibt, ist schmaler und reicht weniger weit nach hinten. Ihr Seitenrand ist durch keine stärkere Granu-lation ausgezeichnet. Hinter dem Einschnitt zwischen Mesethmoid und Ektethmoid befindet sich keine Vertiefung, sondern diese Schädelpartie ist eben und gleichmäßig skulptiert.

Der genannte Einschnitt ist bei *Fajumia Stromeri* nach hinten und etwas nach innen, bei *Fajumia Schweinfurthi* nach innen und etwas nach hinten gerichtet. Der Seitenrand der Ektethmoide ist lateralwärts konvex.

Schädelunterseite: Das Bassioccipitale besitzt einen kräftigen kurzen Fortsatz zur Verbindung mit dem untern Gabelaste des Supracleithrums jederseits, während *Fajumia Schweinfurthi* dafür eine Kerbe aufweist. Siehe Textfig. 3 und Taf. I, Fig 1 b. Das Para-sphenoid erscheint in der Mitte nicht so stark verschmälert, wie bei *F. Schw.* (siehe Textfig. 3 und Taf. I, Fig. 1 b). Doch ist es zu schlecht erhalten, als daß sich seine Breite sicher feststellen ließe.

c) *Socnopaea grandis* Stromer.

Von *Socnopaea grandis* Stromer lagen mir vor: das Original zu Stromer (1904), Taf. I, Fig. 3 (vordere Schädelhälfte), das Original zu Stromer (1904), Taf. I, Fig. 4 (ein Brust-flossenstachel).

Da keine weiteren Funde bekannt waren, so konnte Stromer die Zugehörigkeit des Stachels zu *Socnopaea* nur als wahrscheinlich hinstellen. Die weiteren Funde, namentlich das Londoner Exemplar, bestätigen diese Zugehörigkeit. Ferner untersuchte ich den großen *Socnopaea*-Rest des Naturalien-Kabinettes in Stuttgart. Leider gestatteten die damaligen Umstände nicht, daß eine Nachpräparation des Stückes vorgenommen werden konnte. So mußten die dislozierten Wirbel (s. Textfig. 4) in ihrer Lage belassen werden. Der bisher vollständigste *Socnopaea*-Rest ist im Besitz des British Museum. Herr Dr. Arthur Smith-Woodward, Keeper of Palaeontology, hatte die Liebenswürdigkeit, eine Präparation des Stückes zu gestatten, welche die aus Textfig. 5 ersichtliche Zusammenstellung ermöglichte. Die Fundumstände und die Größenverhältnisse sprechen durchaus dafür, daß die Text-Fig. 5, 6, 7, 8 abgebildeten Stücke alle zu einem Individuum gehören.

Das Detail der Knochenskulptur tritt trefflich hervor an dem großen Schädel, der Taf. III, Fig. 3 wiedergegeben ist.

Beträchtlich kleinere Dimensionen zeigt ein nur in seiner hinteren Hälfte erhaltener Schädel der Freiburger Sammlung. Die zugehörige Vertebra complexa ist Taf. IV, Fig. 4 und 4a abgebildet. Außerdem besitzt die Münchner Sammlung noch zwei größere Schädelreste, einen nahezu ganzen Schädel nebst Nuchalplatte und eine vordere Schädelhälfte, die dadurch von Interesse ist, daß sie Spuren der Vomera aufweist. Mit einem der Frankfurter Sammlung gehörigen Schädeldach zusammen wurde der Taf. IV, Fig. 2 abgebildete Unterkiefer gefunden.

Von der Vertebra complexa lagen aus den verschiedenen Sammlungen außer den schon bei der Beschreibung erwähnten noch acht weitere Stücke vor. Die Flossenstachel von *Socnopaea*, von denen sich einige vereinzelte Stücke vorfanden, lassen sich am besten an der Skulptur des Knochens erkennen, die eine weniger ausgesprochene Granulierung als bei *Fajumia*, größeres Vorherrschen der Streifung ausweist. Die Brustflossenstachel von *Socnopaea* sind stärker dorsoventral abgeplattet als solche von *Fajumia*.

Ich habe an ungefähr sich entsprechenden Stellen gemessen: bei *Socnopaea* auf 13 mm dorsoventralen Durchm. 26 mm senkrecht dazu, bei *Fajumia* auf 16 mm dorsoventralen Durchm. 21 mm senkrecht dazu.

Die Stacheln von *Socnopaea* sind länger und schlanker. Brustflossenstacheln von über 25 cm dürften in keinem Falle zu *Fajumia* gehören. Wo die Skulptierung erhalten ist, bildet diese das beste Merkmal zur Unterscheidung. Auch Altersunterschiede sind zu berücksichtigen. Je jünger der Stachel, desto schwieriger seine Bestimmung.

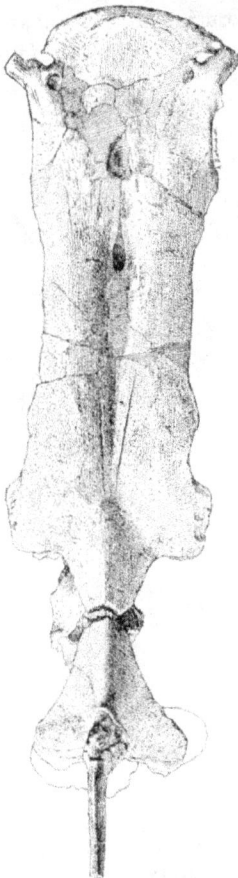

Textfig. 4a. *Socnopaea grandis* STROMER. Qasr-es-Sagha-Stufe (Ob. Eocän). Dorsalansicht des Schädels, Nuchalplatten und Rückenstachel. Verkl. 1/9. Naturalienkabinett Stuttgart.

Textfig. 4b. *Socnopaea grandis* STROMER. Qasr-es-Sagha-Stufe (Ob. Eocän). Ventralansicht des Schädels von Textfig. 5a. Vertebra complexa, dahinter drei dislozierte Wirbel. Verkl. 1/9.

Beschreibung der Hauptfundstücke.

Schädelmaße des besterhaltenen Münchener Exemplares:

Schädellänge (vom Mesethmoid bis einen Hinterende des Supraoccipitale) ca. 64 cm.

Vordere größte Schädelbreite (zwischen dem Ectethmoidea) ca. 27 cm.

Hintere größte Schädelbreite (zwischen den Periotica) ca. 24 cm.

Länge der Schädelbasis ca. 58 cm.

Länge der Vertebra complexa ca. 17,5 cm.

5*

Wahrscheinlich dürfte die Strecke von rund 75 cm (Länge von Schädel plus Vertebra complexa) einen Dritteil der Gesamtlänge des Fisches ausgemacht haben, was eine vermutliche Gesamtlänge von ca. 225 cm ergeben würde.

Die Form des Schädels zeigt die Dorsalansicht Textfig. 4a des Stuttgarter Exemplares, wo auf den Schädel von ca. 75 cm Länge noch eine Nuchalplatte von nahezu 20 cm folgt.

Das Schädeldach ist eben und fein skulptiert. Die Details der Skulptur gibt Taf. III, Fig. 3 wieder. Glatt ist nur eine lang gestreckte mediane Grube, welche ca. 8 cm hinter dem Vorderende schmal beginnt und sich nach der Schädelmitte zu verbreitert und vertieft. Nach hinten zu verschmälert sie sich wieder und läuft im Supraoccipitale aus. Sie ist im hintern Dritteil jederseits im Abstand von zirka einem Zentimeter (hinten etwas weniger) von einer tiefen Längsrinne begleitet, die sich nach vorne zu verliert. Diese Rinnen sind auch am Stuttgarter Exemplar, an dem die Details der Skulptur nicht erhalten sind, zu erkennen (siehe Textfig. 4a). In der vorderen Hälfte der langgestreckten Grube befindet sich eine Fontanelle. Sie ist an dem Münchener Exemplar, Taf. III, Fig. 3, 4 cm lang und an der breitesten Stelle 1,5 cm breit, 7 cm davor kann sich noch eine zweite, kleinere Fontanelle befunden haben; auch an dem Stuttgarter Exemplar befindet sich an der entsprechenden Stelle eine Vertiefung. Doch läßt der Erhaltungszustand keine sichere Feststellung zu. Sicher verläuft dagegen von der großen Fontanelle aus nach vorne und hinten in der Mittellinie eine deutliche feine Furche, wie dies ja auch bei rezenten Welsen häufig der Fall ist. Das Supraoccipitale steigt nach hinten etwas an; es ist auch in transversaler Richtung flach gewölbt. Möglicherweise war diese Wölbung ursprünglich etwas stärker, da der ganze Schädel postmortal deformiert, namentlich dorsoventral zusammengepreßt erscheint.

An dem Münchener Exemplare von *Socnopaea* Nr. 1905 XIII c 7 springt das Supraoccipitale ca. 7,5 cm caudalwärts über das Hinterende des Basioccipitale vor; es ist an der Abgangsstelle ca. 10 cm breit (Stuttgarter Ex. ca. 12 cm), und verjüngt sich nach hinten in der aus Textfig. 4a und 5a ersichtlichen Weise. An seiner ventralen Fläche besitzt es eine

Textfig. 5a. *Socnopaea grandis* STROMER. Qasr-es-Sagha-Stufe (Ob. Eocän). Dorsale Ansicht eines Schädels mit in situ erhaltenem Hyomandibular- und Opercularapparat Verkl. ¹/₉. Brit. Mus. Naturh. Abt.

Textfig. 5b. *Socnopaea grandis* STROMER. Qasr-es-Sagha-Stufe (Ob. Eocän). Ventralansicht desselben Schädels wie Textfig. 6a. Verkl. ¹/₉. Brit. Mus. Naturh. Abt..

vertikale Platte, welche zur Verbindung mit dem Dornfortsatzteil der Vertebra complexa dient. Diese sagittal gestellte Platte nimmt von vorne nach hinten an Dicke ab. Die vordere Dicke beträgt etwa 1 cm. Dadurch, daß die Hinterwand des Schädels unter dem Supraoccipitale (Gegend der Exoccipitalia und der Epiotica) schräg von hinten unten nach oben vorn verläuft, entsteht jederseits von der vertikalen Platte des Supraoccipitale eine Höhlung, welche von der horizontalen Platte desselben Knochens überdacht wird.

An Knochengrenzen lassen sich erkennen die Nähte zwischen Supraoccipitale, Frontale, Sphenoticum und Pteroticum.

Das Supracleithrum ist nur an dem Londoner Exemplar erhalten. Es ist gegabelt, der Hauptteil vermittelt die Verbindung mit dem Schultergürtel, der obere Gabelast diejenige mit dem Pteroticum, der untere zieht zum Basioccipitale.

Das Mesethmoid ist eine ausgedehnte Platte, ihr vorderer Umriß ist flach bogenförmig, seitlich je in ein Horn auslaufend. Zwischen diesem und dem Ektethmoid ist eine tiefe Einbuchtung. Die Grenze zwischen Mesethmoid, Ektethmoid und Frontale ist infolge ungünstigen Erhaltungszustandes nicht erkennbar. Die hinter dem Ektethmoid schräg nach außen und hinten ziehende Vertiefung (Taf. III, Fig. 3) rührt davon her, daß hier ein anderer Knochenrest aufgebacken und eingepreßt war. Der vorderste Teil des Mesethmoides ist ein nicht skulptierter Saum, vorne 2 cm breit, seitlich etwas breiter. Seitlich liegen dem Mesethmoid Knochenfragmente auf, welche dem Nasale (medialer Knochen und dem Lacrymale lateraler Knochen) entsprechen dürften, doch sind beide Knochen zu fragmentarisch erhalten, als daß eine sichere Deutung erlaubt wäre.

Zu dem auf Taf. IV abgebildeten *Socnopaea* der Münchener Staatssammlung gehört ein (nicht abgebildeter) wahrscheinlich ziemlich deformierter Rest eines wahrscheinlich rechten Praemaxillare. Die Praemaxillaria ragten seitlich über die Ektethmoidalia beträchtlich hinaus. Die Mundöffnung war sehr weit. Die kreisförmigen Zahngrübchen sind nur undeutlich erhalten. Die bezahnte Fläche ist ein ca. 2 cm breites ziemlich langes Band. Nach dem einen, vermutlich medialen Ende nimmt die Breite zu. Die dorsale Fläche ist nicht granuliert. Am (lateralen?) Ende ist der Knochen durch einen knapp 1 cm hinter dem Vorderrande sich erhebenden Wulst verstärkt, nach dem medialen Ende scheint sich dieser Wulst zu verflachen; doch ist da der Knochen zu schlecht erhalten, als daß eine genaue Ermittlung der Form möglich wäre.

Das Ektethmoid springt als kräftiges Horn nach vorn und etwas lateralwärts vor. Zwischen diesen Ektethmoidea besitzt, wie schon erwähnt, der Schädel seine größte Breite (nahezu 27 cm). Nach hinten ist der Seitenrand des Schädeldaches flach eingebuchtet. Erst das Pteroticum springt wieder energisch vor, ohne jedoch die gleiche Breite, wie zwischen den Ektethmoidea, zu erreichen. (Schädelbreite zwischen den Pterotica 23 cm.) In der im allgemeinen konkav verlaufenden Schädelseitenwand zwischen Ektethmoid und Pteroticum bedingen hinten das Sphenoticum, vorn der vorderste Teil des Frontale (und vielleicht die hinterste Partie des Ektethmoides) eine schwache Vorwölbung. Zur Ergänzung unserer Vorstellung vom Gesamtaussehen von *Socnopaea* ist aber zu berücksichtigen, daß vom Pteroticum aus der proximalste Teil des Schultergürtels, das Supracleithrum, ca. 9 cm weit schräg nach hinten und außen vorsprang, was die Gesamtbreite des Kopfes in dieser Gegend um ca. 6 cm jederseits vergrößert (siehe Textfig. 5). Die Schädelbasis ist außerordentlich flach, namentlich im vordern Teil. An dem Taf. III, Fig. 3 abgebildeten Münchener Exemplare beträgt der Abstand vom Hinterrand des Basioccipitale bis zum Supraoccipitale nur ca. 9¹/₂ cm. An diesem Exemplar ist aber, wie wahrscheinlich auch an vielen andern, das starke Parasphenoid durch dorsoventrale Pressung dem Schädeldach genähert worden, was an einer jederseits durch Exoccipitale, Pteroticum und Sphenoticum verlaufenden Bruchzone erkennbar ist. Auch das Stuttgarter Exemplar macht (obwohl hier eine nähere Prüfung nicht möglich war) denselben Eindruck.

Knochengrenzen sind auf der Ventralansicht des Schädels (Münchener Exemplar) nicht erkennbar, wohl aber Foramen X und IX. Das Basioccipitale grenzt mit einer platycoelen, querovalen Wirbelfläche von 6 cm transversalem Durchmesser an die Vertebra complexa, mit der es nicht knöchern verbunden ist. Zu hinterst ist das Basioccipitale auf dem Querschnitt stark ventralwärts konvex. Der hintere Teil des Parasphenoides ist schon flacher gebogen; nach vorne wird dann der Schädel völlig flach. An der Seite des Basioccipitale befindet sich jederseits ca. 8 mm vor dem Hinterrande eine ca. 10 mm breite Eintiefung (Münchener Exemplar); sie diente zur Aufnahme des untern Gabelastes des Supracleithrums.

Ca. 20 cm vom Schädelhinderrande entfernt (Münchener Exemplar) (ca. 25 cm Stuttgarter Exemplar) befindet sich jederseits am Seitenrande des Parasphenoides eine Vertiefung, die medialwärts durch eine bogenförmig verlaufende Linie abgegrenzt ist. Diese Eintiefungen stehen jedenfalls mit der Befestigung des Kiemenbogenapparates im Zusammenhang.

Die Grube für das Hyomandibulare (welches am Londoner Exemplar in situ erhalten ist) ist sehr gut ausgebildet. Sie verläuft in der Hauptsache im Sphenoticum; es ist aber möglich, daß auch der vorderste Teil des Pteroticums noch daran beteiligt ist.

Vor dem Prooticum, seitlich vom Parasphenoid, und überdacht vom Vorderteil des Sphenoticums und namentlich vom Frontale, befindet sich jederseits eine tiefe Grube. Die in ihr gelegenen Foramina am Vorderrande des Prooticums das Trigeminus-Facialis-Loch, weiter vorne das For. II, sind infolge des ungünstigen Erhaltungszustandes nicht erkennbar. Auch die Abgrenzung von Alisphenoid und Orbitosphenoid ist mir nicht möglich.

Etwa 9 cm hinter dem Vorderrand des Schädels finden sich Reste des Vomers, bestehend in Überresten einer rechten und linken zahntragenden Platte, welche durch einen Zwischenraum von 5 mm getrennt sind und einem spitz nach hinten zulaufenden Knochenkeil von etwa 2 cm Länge. Das davorgelegene Praemaxillare war jedenfalls in breiter Ausdehnung bezahnt; das Londoner Exemplar zeigt die Zahngrübchen erhalten; siehe Textfig. 5 b. Bei den übrigen Exemplaren sind nur gelegentlich Reste des Vomer erhalten.

Die Vertebra complexa.

Die Vertebra complexa (sensu lato) des Münchener Exemplares (siehe Taf. III, Fig. 3) hat eine Körperlänge von 18,2 cm. Der transversale Durchmesser der verschmolzenen Wirbelkörper beträgt vorne ca. 6,5 und hinten ca. 6 cm. Der vertikale Durchmesser ist etwas kleiner. Die beiden Enden sind verdickt, in der Mitte beträgt die Breite des Wirbelkörpers nur 4 cm.

Es ist ein Aorten-Kanal vorhanden, hinter dessen vorderer Mündung der den Boden des Kanals bildende Knochen ca. 5 cm weit parallel zur Wirbelachse verläuft. Im mittleren Drittel erfolgt eine starke Einziehung (siehe Taf. IV, Fig. 3), während die hinterste Strecke des ventralen Complexa-Randes wieder etwas mehr ventralwärts vorspringt.

Die hintere Mündung des Aortenkanales ist schlecht erhalten. Die ganze dorsale Partie der Complexa ist zerdrückt und in der caudalen Hälfte überhaupt nicht erhalten.

Trefflich konserviert ist der Tripus der linken Seite des Weber'schen Apparates (siehe Taf. IV, Fig. 3). Es ist eine Knochenlamelle von 11 cm Länge und im Maximum ca. 3 cm Breite. Diese Lamelle steht horizontal; ihr vorderes, mit dem Schädel durch die nicht erhaltenen andern Weber'schen Knöchelchen in Verbindung stehendes Ende ist zugespitzt. Nach hinten zu legt sich eine nahezu rechtwinklig abgebogene, ventralwärts gerichtete Lamelle dem Wirbelkörper an. Diese vertikal stehende Partie ist nahezu 3 cm hoch; sie besitzt in der Mitte eine horizontal verlaufende, kräftig vorspringende Leiste.

Der Neuralkanal ist an einem nicht zerquetschten, aber stark corrodierten und dorsalwärts ebenfalls unvollständigen Stück der Senckenberg'schen Sammlung sichtbar. Der Abstand zwischen dem Innenrand des Vorderendes der beiden Tripodes beträgt an diesem Stück 2 cm, die Körperlänge der Vertebra complexa 15 cm, die größte Länge des Tripus 9,5 cm.

Aus der Kombination der verschiedenen Befunde ergibt sich, daß die Vertebra complexa von *Socnopaea* jedenfalls eine kräftige, weitausladende Parapophysis IV besaß, die über den Tripus hinweggreifend, ventrolateralwärts abbog. Mit der horizontalen Partie dieser Parapophysis IV vereinigte sich jederseits eine basal mehr oder weniger transversal verlaufende (aber nicht senkrecht gestellte, sondern schräg von rostral-dorsal nach ventral caudal orientierte) Lamelle. Sie biegt in ihrem Verlauf nach oben und hinten um, stellt sich sagittal ein und legt sich der Platte der vereinigten Processus spinosi an. Zwischen diesen etwa sagittal gestellten Platten, die nach hinten wieder etwas auseinanderweichen, findet sich eine mittlere Platte, die sicher den Proc. spinosi entspricht, doch scheinen mir auch die genannten seitlichen Lamellen in ihrer dorsalen Partie den Proc. spinosi zugerechnet werden zu müssen. Eine sichere Beurteilung ist infolge des mangelhaften Erhaltungszustandes nicht möglich.

An einer weiteren Vertebra complexa von *Socnopaea* aus der Senckenberg'schen Sammlung ist ein Teil von Parapophysis IV erhalten; er springt schräg nach vorne, lateralwärts 7 cm über den Tripusrand hinaus, gleichzeitig in flachem Bogen ventralwärts abgebogen. Das distale Ende scheint eine große konkave Facette zur Verbindung mit dem Supracleithrum zu besitzen; doch ist der Erhaltungszustand nicht einwandfrei (an diesem Stück vordere und hintere Mündung des Aortenkanales ausgezeichnet erhalten).

Socnopaea, Freiburger Exemplar:

Körperlänge 11,5. Größte Länge des Tripus ca. 7,5, vordere Wirbelkörperbreite 4,3. hintere Wirbelkörperbreite ca. 4,1. Das trefflich erhaltene Stück zeigt folgendes:

1. Die IV. Parapophyse verläuft in der oben geschilderten Weise.
2. Zwischen den von Parapophyse IV aufsteigenden und sich sagittal einstellenden Lamellen befindet sich eine mediane Platte.
3. Der Hinterrand von Parapophyse IV überdeckt den Tripus nicht völlig.
4. Am Hinterrande ist eine kleinere Parapophysis V vorhanden, deren proximalster Teil erhalten ist.
5. Der Aortenkanal ist vorzüglich erhalten.
6. Auch dieser Wirbel ist dorsoventral zusammengepreßt.

An dem Münchener Exemplar Nr. 1905 XIII c 7 beträgt die Körperlänge der Complexa 15,5 cm. Die Parapohysis IV ist beidseitig ordentlich erhalten. Die Vertebra complexa ist an diesem Exemplare im Zusammenhang mit dem Schädel erhalten und mit ihm durch Gesteinsmasse verkittet. Leider hat sie aber ihre natürliche Lage nicht beibehalten, sodaß sie nicht mehr in der Flucht der Schädelachse liegt, sondern etwas schräg dazu gestellt ist. Das laterale Ende von Parapophysis IV zeigt deutlich eine schräg lateralwärts-dorsalwärts gerichtete konkave Facette zur Verbindung mit dem Supracleithrum. Die Länge der Parapophyse (von ihrer Abgangsstelle vom Wirbelkörper ab gemessen) beträgt ca. 10 cm, der Abstand des lateralsten Punktes von der Medianebene des Körpers 11 cm. Auch diese Complexa zeigt am Hinterende Andeutung einer kleineren Parapophysis V (event., aber nichtwahrscheinlich, IV posterior). Wie die anderen Stücke hat auch dieses Exemplar eine Zusammenquetschung in dorsoventraler Richtung erfahren.

Nuchalplatte und Dorsalstachel.

Die Form der Nuchalplatte zeigt Textfig. 4a, Dorsalansicht des Stuttgarter Exemplares. Sie ist von abgerundet-dreieckiger Gestalt. Die größte Breite, in der Transversalebene der Flossenstachelbefestigungsstelle, beträgt ca. 24 cm, die Länge schätzungsweise nahezu 20 cm. Die Platte setzt, geradlinig nach hinten verlaufend, aber von rechts nach links gewölbt, den stumpfen First des Supraoccipitale fort. Die Körnelung der Oberfläche stimmt mit derjenigen der Schädeloberfläche überein. Die Nuchalplatte ist jedenfalls aus mehreren Stücken zusammengesetzt, ein Münchener Exemplar läßt 7,5 cm hinter dem Vorderrande Spuren einer Naht erkennen, welche ein vorderes, unpaares Stück abgrenzt. Am Londoner Exemplar ist dieses vordere Stück der Nuchalplatte sehr scharf abgegrenzt. Das Sperrstück ist am Londoner Exemplar erhalten. Es weist die bei Welsen sehr verbreitete gegabelte Form auf; die Äste der Gabel greifen durch die Öffnung der Nuchalplatte links und rechts von der sagittalen Knochenplatte der Flossenstachelträger hinab. Das Stück reitet auf dem Knochenring, in welchem der Dorsalstachel befestigt ist; der kurze unpaare Teil läuft in eine unscharfe Spitze aus.

Kieferbogen, Hyomandibular- und Opercularapparat.

An dem Londoner Exemplar sind die genannten Knochen ungefähr in ihrer natürlichen Lage erhalten, abgesehen davon, daß auch dieser Schädel dorsoventral zusammengedrückt ist, wobei der Unterkiefer der linken Seite auch seitlich verschoben wurde.

Unterkiefer.

Die Form des Unterkiefers zeigen Taf. IV, Fig. 2a und Fig. 2b, seine Länge beträgt, die Krümmung nicht mitgerechnet, 30 cm. Das Stück ist stark mineralisiert und inkrustiert, infolgedessen sind die Knochengrenzen zwischen den einzelnen Komponenten nicht genau zu verfolgen. Das Articulare ist zur Bildung der Gelenkgrube verbreitert. Diese Gelenkgrube besteht aus zwei Facetten, einer größeren, schräg nach hinten und außen gerichteten äußeren und einer kleineren schräg nach hinten und innen gerichteten inneren Facette. Im proximalen Teile findet sich auf der Innenseite eine tiefe Höhlung, jedenfalls für den MECKEL'schen Knorpel. Distal vom Articulare erhebt sich ein Coronoidfortsatz, dessen Spitze weggebrochen ist. Von diesem Fortsatz läuft eine ziemlich scharfe Kante nach der Außenseite hinunter. Gleich davor beginnt die bezahnte Fläche des Dentale, welche gegen die Kiefersymphyse eine Breite von 3 cm erreicht. Die Symphysenpartie ist kräftig ausgebildet.

---

[1] Ob ein Mesocoracoidbogen vorhanden war, ließ sich nicht feststellen.

Quadratum, Hyomandibulare und Praeoperculum bilden eine einheitliche Knochen-masse, denen sich nach vorne und medialwärts in nicht abgrenzbarer Weise Reste des Metapterygoides anschließen. Die Gestalt der genannten Knochen ist aus Textfig. 5 ersichtlich. Auf dieser Figur ist in die Lücke zwischen dem als vorspringende Randleiste dem Quadratum und Hyomandibulare aufsitzenden Praeoperculum und dem Operculum das Textfig. 7a und Textfig. 7b abgebildete zugehörige Interoperculum hineinzudenken, das infolge unvollständiger Erhaltung nicht mit montiert wurde. Der spangenförmige, zum Teil vom Quadratum und Operculum verdeckte Knochen ist ein dislozierter Radius branchiostegalis.

Das Operculum articuliert in der üblichen Weise mit einem Fortsatz des Hyomandibulare. Vom Hyoid sind mir bisher keine Reste zu Gesichte gekommen.

Schultergürtel.

An dem schönen Londoner Exemplare sind der linke und rechte Schultergürtel in ziemlicher Ausdehnung erhalten.

Cleithra und Hypocoracoide stoßen in der Medianlinie zusammen. Namentlich die letzteren sind miteinander sehr kräftig verzahnt (siehe Textfig. 6).

Der Flossenstachel hat eine Länge von ca. 27 cm. Dahinter sind noch Reste von knöchernen Dermalstrahlen erhalten. Das Gelenk weist den üblichen *Siluriden*-Sperrmechanismus auf. Textfig. 9 gibt die Form eines isolierten Brustflossenstachels

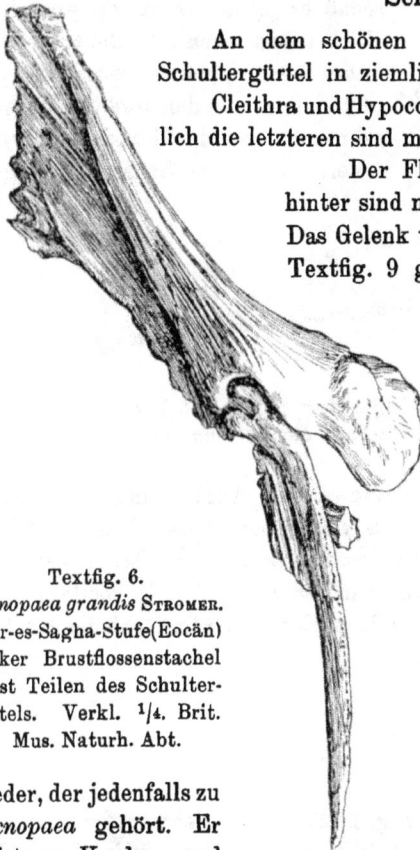

Textfig. 6.
Socnopaea grandis STROMER.
Qasr-es-Sagha-Stufe(Eocän)
Linker Brustflossenstachel
nebst Teilen des Schulter-
gürtels. Verkl. ¹/₄. Brit.
Mus. Naturh. Abt.

wieder, der jedenfalls zu *Socnopaea* gehört. Er weist am Vorder- und Hinterrande schwache knöcherne Zäckchen auf.

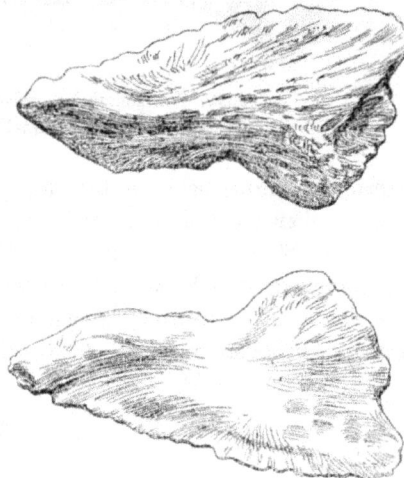

Textfig. 7. *Socnopaea grandis* STROMER. Qasr-es-Sagha-Stufe (Eocän).
Textfig. 7a. Interoperculum von innen.
Textfig. 7b. Interoperculum von außen.
Verkl. ¹/₂. Brit. Mus. Naturh. Abt.

Der Dorsalstachel, am Stuttgarter und Londoner Exemplar in seiner proximalen Partie vorhanden, ist an keinem der mir bekannten Exemplare vollständig erhalten (siehe Textfig. 4 und Textfig. 5). Seine Größe war aber jedenfalls im Verhältnis zum Schädel bescheiden. Der kraniale Rand zeigt Spuren von knöchernen Zäckchen, die möglicherweise in der fehlenden distalen Partie deutlicher ausgebildet waren. Die Basis ist quer verbreitert und durchbohrt und bildet so einen transversal gestellten Ring, der von dem sagittal gestellten Ring des Flossenstachelträgers in der für *Ariopsis* dargestellten Weise festgehalten wird (siehe Textfig. 11).

Wirbelsäule.

An dem Londoner Exemplar sind hinter der Vertebra complexa 20 Wirbel im natürlichen Zusammenhang erhalten (siehe Textfig. 8). Der vorderste dieser Wirbel paßt nach Form und Dimension gut zur Hinterfläche des Körpers der Vertebra complexa, sodaß er jedenfalls als der erste freie Wirbel anzusehen ist. Die erhaltenen Basen der rippentragenden Parapophysen liegen an den vorderen Wirbeln sehr hoch, an den hinteren dagegen tiefer. Auch die Größe der Wirbel

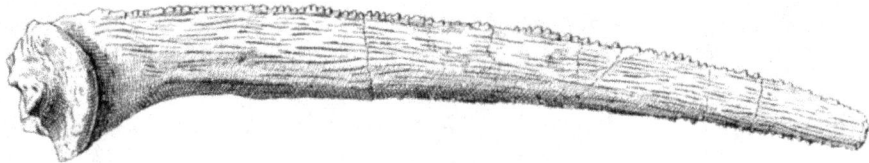

Textfig. 8. *Socnopaea grandis* STROMER. Qasr-es-Sagha-Stufe (Eocän). Seitliche Ansicht eines aus 20 Stücken bestehenden Abschnittes der Wirbelsäule. Verkl. ¹/₆. Brit. Mus. Naturh. Abt.

Textfig. 9. Wahrscheinlich *Socnopaea*. Qasr-es-Sagha-Stufe (Ob. Eocän). Rechter Brustflossenstachel, Dorsalansicht. Verkl. ¹/₂. Bayr. Staatss. München.

nimmt von vorne nach hinten ab, während die rostro-caudale Ausdehnung der Wirbelscheiben eher nach hinten zunimmt, aber nicht in regelmäßiger Weise. Das 20 Wirbel umfassende Stück Wirbelsäule ist ca. 45 cm lang. Aus den zahlreichen erhaltenen Vertebrae complexae ergibt sich als durchschnittlicher Durchmesser der vordersten Wirbelkörper ca. 6 cm. Auch die drei Wirbel, welche an dem Stuttgarter Exemplar der Unterfläche der Nuchalplatte aufgebacken sind, zeigen dieselbe Dimension.

Schwanzflosse.
c. f. *Socnopaea*.

Wahrscheinlich ist auch die große, Taf. VI, Fig. 1 abgebildete Schwanzflosse zu *Socnopaea* zu stellen. Das Stück besteht aus acht Wirbeln und dem letzten Wirbel mit dem schräg nach hinten und dorsalwärts aufsteigenden Chordaende, aus den Hypuralplatten, sowie aus gegen 50 knöchernen Flossenstrahlen, deren distale Enden weggebrochen sind. Der längste dieser Dermalstrahlen mißt 25 cm, wahrscheinlich war aber der Strahl noch erheblich länger. Auch die Zahl der Strahlen mag noch etwas größer gewesen sein. Viel kann aber nicht fehlen. Die Formverhältnisse und Dimensionen sind aus Taf. VI, Fig. 1 ersichtlich.

Mit ihren Dornfortsätzen sind außer dem letzten Wirbel dorsal und ventral noch mindestens sieben Wirbel an der Bildung der Schwanzflosse beteiligt[1]). Das Chordaende bzw. die ihm entsprechende Verknöcherung ist sehr deutlich erkennbar. Von den Hypuralplatten ist nur die dem Chordaende benachbarte oberste scharf abgegrenzt, die übrigen sind anscheinend ziemlich weitgehend miteinander verwachsen. Hinter dem letzten Wirbel entspringt etwas unterhalb der Wirbelkörpermitte ein lateralwärts gerichteter Fortsatz, wie ihn die meisten Schwanzflossen rezenter Welse ebenfalls zeigen. Die geringe Größe der etwa in der Mitte der Flosse gelegenen Dermalstrahlen läßt vermuten, daß die Flosse sehr tiefgehend in einen oberen und unteren Lappen geteilt war. Es war mir nach dem vorhandenen Material nicht möglich, charakteristische Unterschiede zwischen den Wirbeln von *Socnopaea* und *Fajumia* herauszufinden, abgesehen davon, daß die Wirbelscheiben von *Fajumia* nicht über 4 cm Durchmesser aufweisen, während *Socnopaea*-Wirbel durchschnittlich 6 cm Durchmesser besitzen[2]). Von *Ariopsis* sind bisher überhaupt keine freien Wirbel bekannt, doch zeigt die hintere Fläche des Körpers der Vertebra complexa einen transversalen Durchmesser von ca. 4 cm, was für die nächstfolgenden freien Wirbel das gleiche Maß ergibt, während für die hintern Wirbel mit einer Größenabnahme zu rechnen ist.

Bevor weitere Funde mehr Aufschluß geben, möchte ich die Taf. VI, Fig. 1 abgebildete Schwanzflosse als wahrscheinlich zu *Socnopaea* gehörig bezeichnen.

d) *Ariopsis aegyptiacus.* Nov. gen., nov. spec.

Das der Bayerischen Staatssammlung gehörige, schöne Fundstück ist bezeichnet 1905 XII C 4. Eocaen, Norden des Fajûm, Ägypten. Erhalten ist die hintere Schädelpartie in einer Länge von 30 cm. Die Schädelbreite am Hinterrande beträgt ca. 22 cm. Der Schädel verjüngt sich nach vorne; nahe dem vordern Bruchrand beträgt die Breite nurmehr ca. 14 cm. Wahrscheinlich war dann die vorderste weggebrochene Schädelpartie wieder breiter.

Die Schädeloberfläche (siehe Textfig. 10) ist skulptiert. Die einzelnen halbkugeligen Erhebungen haben einen Durchmesser von ca. 1,5 mm (Textfig. 10). Ca. 70 mm vor dem Hinterrand beginnt eine median gelegene Vertiefung, ohne Skulptur, die, sich verbreiternd, nach vorne zieht und wahrscheinlich vorn am Grunde eine Fontanelle enthielt. Der mittlere Teil der Grube ist von den seitlichen ansteigenden Partien hinten durch je eine erhabene Leiste abgesetzt. Die beiden Leisten divergieren nach vorne. Knochennähte konnte ich auf dem Schädeldach infolge des Erhaltungszustandes nicht erkennen.

Über die Schädelunterseite orientiert Taf. VI, Fig. 1a.

Die Vertebra complexa ist fest mit dem Schädel verbunden (siehe auch Taf. VI, Fig. 1b). Sie ist reichlich 16 cm lang. Die Grenze zwischen ihr und dem Schädel ist nur seitlich erkennbar. (Vertebra complexa auch hier sensu lato gebraucht für alle verschmol-

---

[1]) Am vordersten der erhaltenen Wirbel beträgt der dorsoventrale Durchmesser des Wirbelkörpers 4 cm, der transversale Durchmesser 3,4 cm. Die Dicke der vorderen Wirbelkörper beträgt ca. 1,3 cm, an den dahinter gelegenen etwas weniger.

[2]) An dem kleinen Freiburger Exemplar Taf. IV, Fig. 4 beträgt der horizontale Durchmesser der hinteren Körperfläche der Vertebra complexa nur 4,2 cm. Wenn man sich die Größenunterschiede innerhalb der rezenten Welsarten vergegenwärtigt, so wird man nur den maximalen und durchschnittlichen Maßen einen gewissen diagnostischen Wert beilegen.

zenen Wirbel des vordersten Teiles der Wirbel
säule, nicht nur für den zweiten, dritten und
vierten; siehe die Ausführungen S. 31).

Der Schädel wird von hinten nach vorne
zu niedriger (Taf. VI, Fig. 1b). Der Abstand
von der ersten Nuchalplatte (Hinterrand) bis
zur Ventralfläche des caudalen Complexa-Randes
beträgt ca. 16 cm, der Abstand Schädeldach—
Schädelbasis an der Bruchstelle, wo die vorderste Schädelpartie weggebrochen ist, nur
ca. 4 cm.

Knochengrenzen sind auch an der Ventralseite nicht mit Sicherheit erkennbar.

Die Vertebra complexa ist ventralwärts
kielförmig zugeschärft (siehe Taf. VI, Fig. 1a).
Das Basioccipitale und die hintere Partie des
Parasphenoides sind im Querschnitt ventralwärts konvex. Erst nach vorne zu wird die
Schädelbasis flacher. Dorsal vom Parasphenoid
sind die nach vorne sich verbreiternden Orbitosphenoide sichtbar.

Die Grube für das Hyomandibulare ist
kräftig ausgebildet (Taf. VI, Fig. 1a). Die
vorderen Nervenlöcher (für die Facialis, Tri-
geminus und Opticus) sind nicht genauer erkennbar.

Das Frontale ist in großer Ausdehnung
in der Ventralansicht des Schädels sichtbar
(Taf. VI, Fig. 1a); vom Frontale dorsal, vom
Prooticum hinten, vom Parasphenoid ventral
und vom Orbitosphenoid vorne wird eine tiefe
Grube begrenzt.

Vom Foramen X ist jederseits die hintere
Begrenzung weggebrochen; davor befindet sich
das kleinere Foramen IX (siehe Taf. VI, Fig. 1a).
Die Gegend des Prooticum, Pteroticum und
Exoccipitale ist ganz schwach aufgetrieben.
Eine ausgesprochene Bulla, wie sie die rezenten
Ariidae besitzen, ist nicht vorhanden.

Textfig. 10. *Ariopsis aegyptiacus* gen. nov. spec. nov.
Qasr - es - Sagha - Stufe (Ob. Eocän). Dorsalansicht der
hintern Schädelpartie, der Nuchalplatten und des
Rückenflossenstachels. Verkl. 1/3. Bayr. Staats. München.

Die Gestaltung der Nuchalplatten erhellt aus Textfig. 10 und Textfig. 11. Die hintere dorsale Schädelpartie und die Nuchalplatten zeigen ein ähnliches Bild, wie unter den rezenten Formen *Galeichthys feliceps* (Brit. Mus. Skelett Nr. 836), das aber sonst verschieden ist.

Vom breiten Hinterrande des Schädels setzt sich das Supraoccipitale noch ca. 5 cm nach hinten fort, wo es aus der Mitte des hinteren Schädelrandes in einer Breite von ca. 5 cm hervortritt. Nach hinten zu verschmälert es sich bis auf ca. 3 cm Breite; das Hinterende ist schwalbenschwanzartig ausgeschnitten. In diesem Ausschnitt paßt die Spitze der 9,5 cm langen, vorn sehr schmalen, nach hinten sich bis zu 4,5 cm verbreiternden ersten Nuchalplatte. Ihre Dicke beträgt bis zum Rande gleichmäßig ca. 1 cm. Daran schließt, nach hinten immer breiter werdend, die folgende Nuchalplatte, an der Knochengrenzen nicht erkennbar sind, die aber wahrscheinlich trotzdem aus einem vorderen, unpaaren und zwei hinteren paarigen Stücken zusammengesetzt sein dürfte. Die größte Breite dieser hinteren Platte, an deren hinterem Ende, beträgt nahezu 9,5 cm.

Das Sperrstück ist nicht erhalten. Gerade deswegen ist die Befestigungsweise des Dorsalstachels ausgezeichnet zu sehen (siehe Textfig. 11). Seine Basis bildet einen quergestellten Knochenring. Dieser Ring wird von einem sagittal gestellten, vom distalen Ende der Flossenstachelträger gebildeten Knochenringe umfaßt. Die Breite der Öffnung, in welche das (nicht erhaltene) Sperrstück hinabgriff, beträgt 3,5 cm. Die vordere Nuchalplatte ist nahezu eben und gleichmäßig schwach skulptiert. Die hintere, wahrscheinlich zusammengesetzte Platte ist nur im vorderen Teile skulptiert und flach gewölbt, die hinteren, seitlichen Flügel zur Seite des Sperrstückes und des Flossenstachels sind glatt, ventralwärts abfallend und ganz schwach dorsalwärts konkav.

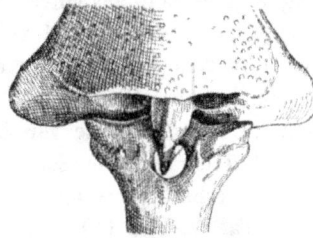

Textfig. 11.
Ariopsis aegyptiacus gen. nov., spec. nov. Qasr-es-Sagha-Stufe (Eocän). Ausschnitt aus Textfig. 11. ½ Natürl. Größe. Nuchalplatte, Befestigung des Rückenflossenstachels. Bayr. Staatss. München.

Zur Befestigung an der Vertebra complexa erstrecken sich zwei getrennte Fortsätze ventralwärts. Sie entsprechen Flossenstachelträgern. Davon ist der hintere der stärkere. Er ist dreikantig, wobei die eine Kante nach vorn, die eine Fläche nach hinten schaut. Dieser hintere Fortsatz verbreitert sich nach oben und geht in den Hinterrand der Nuchalplatte über. Der vordere ventrale Fortsatz der zweiten Nuchalplatte verjüngt sich ventralwärts sehr rasch. Er läuft in zwei hintereinander liegende Spitzen aus, von denen die vordere die längere ist. Vielleicht ist dadurch eine Zusammensetzung aus zwei ursprünglich selbständigen Flossenstachelträgern angedeutet.

Der Dorsalstachel ist nicht bis zur Spitze erhalten. Das erhaltene Stück ist 15 cm lang. Die Gesamtlänge dürfte 18 cm nicht überschritten haben. An der Basis ist der Stachel in seitliche Flügel ausgezogen; die Breite beträgt hier ca. 5 cm.

Über dem Knochenring wird der Stachelquerschnitt queroval (Breite ca. 2,3 cm), distalwärts überwiegt dann der rostro-caudale den queren Durchmesser. Die caudale Seite (des aufgerichteten Stachels) ist mehr oder weniger flach, in der Mitte von einer seichten Furche durchzogen, an deren Grunde sich am distalen Ende schwache Spuren von kleinen knöchernen Zacken finden. Im übrigen war der Stachel (wenigstens soweit er erhalten ist) jedenfalls ziemlich glatt. Ca. 3 cm über dem basalen Knochenring beträgt der transversale

Stacheldurchmesser 2,1 cm, der craniocaudale 1,7 cm, nahe der distalen Bruchfläche ist das Verhältnis umgekehrt; der craniocaudale Durchmesser beträgt hier 1,4 cm, der transversale nur 1,2 cm. Die Oberfläche des Stachels ist nahezu glatt. Sie weist nur da und dort kleine Grübchen auf, an den Seiten schwache Andeutung einer Längsriefung.

Vertebra complexa (s. l.).

(Siehe Taf. V, Fig. 1a). Die Vertebra complexa ist mit dem Schädel fest verbunden. An der Verbindungsstelle findet sich jedoch kein ventraler Knochenfortsatz, wie er z. B. bei rezenten *Arius*-Arten gut ausgebildet ist.

Es ist ein wohlentwickelter Aortenkanal vorhanden, mit weiter Ein- und Austrittsöffnung. Unmittelbar hinter der vorderen Aortenkanalöffnung springt der Knochen ventralwärts vor; von da nach hinten bildet die Vertebra complexa ventralwärts eine vorn ziemlich scharfe, nach hinten sich verwischende Kante.

Der Tripus des WEBER'schen Apparates ist sehr ausgedehnt. Er ist reichlich 12 cm lang und besteht aus einer etwa 2 cm breiten, dünnen Knochenplatte, die sich vorne hakenförmig nach dem Schädel zu einbiegt. Nach hinten zu läuft der Knochen, der Vertebra complexa sich anlegend, in ein zugespitztes Ende aus. Die bisher geschilderte Knochen ist im hintern Dritteil auf der Ventralseite durch eine lateralwärts frei vorspringende kleinere Knochenplatte verstärkt, welche sich medialwärts mit der Hauptplatte vereinigt.

Auf der rechten Schädelseite ist ein über dem Tripus weit lateralwärts ausladender Fortsatz erhalten, welcher jedenfalls der Parapophysis IV der rezenten Welse entspricht (siehe Taf. V, Fig. 1b). Der Fortsatz besitzt eine Länge von ca. 12 cm. Er geht mit breiter Wurzel von den vorderen zwei Dritteilen der Vertebra complexa ab und verjüngt sich lateralwärts stark, um schließlich in eine schräg nach außen und ventralwärts gerichtete Spitze auszulaufen. Proximalwärts besteht der Fortsatz aus zwei Lamellen, einer horizontalen (frontal gestellten), welche direkt über den Tripus hinweggreift und einer nahezu senkrecht dazu stehenden Verstärkungsleiste, welche transversal gestellt ist und deren Ansatz an den medialen Partien der Vertebra complexa von vorn oben steil nach hinten unten verläuft. So schließen diese beiden Lamellen nach vorne eine tiefe Grube zwischen sich ein, distalwärts vereinigen sich die beiden Lamellen. Die Ventralfläche des Fortsatzes ist stark konkav. Es scheint, daß er sich über die Schwimmblase hinabgebogen hat. Für die systematische Stellung der Form wäre es nun bedeutsam zu wissen, ob ein Fortsatz des Epioticum sich mit Parapophysis IV vereinigte, wie bei den rezenten *Ariidae* (TATE REGAN 1911, S. 557/58). Es ist dies nach der Configuration der betreffenden Partien nicht mit Sicherheit auszuschließen, aber nicht sehr wahrscheinlich. Von der lateralen Hinterecke des Schädels, welche dem Epioticum entspricht, ohne daß es genauer abzugrenzen wäre, geht ein deutlicher Fortsatz aus, von dem es sich aber nicht mehr ausmachen läßt, wie weit er gereicht haben mag. Auf jeden Fall ist aber das Supracleithrum viel weniger innig mit dem Schädel verbunden, als bei den rezenten *Ariidae*. Sein oberer Schenkel war jedenfalls zwischen Pteroticum und Epioticum eingekeilt, wie beim rezenten *Silurus glanis*. Eine Ansicht der Vertebra complexa von hinten gibt Taf. IV, Fig. 5. Die hintere Öffnung des Aortenkanales ist in dieser Figur nicht sichtbar. Das Hinterende des Wirbelkörpers der Complexa (bzw. des mit ihr vereinigten fünften oder gar sechsten Wirbels) ist etwas höher als breit, 5 : 4,5 cm. Ventrolateral findet sich jederseits ein kürzerer Knochenvorsprung, der jedenfalls zur Verbindung mit dem nächstfolgenden Wirbel diente. Der Wirbelkörper ist caudalwärts schwach konkav. Darüber befindet sich der Neuralkanal, von gerundet dreieckigem Querschnitt. Unmittelbar über dem Neuralkanal vereinigen sich die Neuralbogen zu einem kurzen, 1,5 cm hohen Dornfortsatze, der, obwohl mit dem davorgelegenen Processus spinosus verbunden, doch eine gewisse Selbständigkeit bewahrt (siehe Taf. IV, Fig. 5). Davor ziehen die vollständig zu einer einheitlichen Knochenplatte vereinigten Dornfortsätze der Complexa zur Verbindung mit der ersten Nuchalplatte und weiter nach vorne mit der vertikalen Platte des Supraoccipitale. Diese Dornfortsatzplatte ist nur vorne einheitlich; nach hinten zu gibt sie jederseits eine basal seitlich weit ausladende Lamelle ab, die sich mit einem vom oberen seitlichen Rande des Wirbelkörpers dorsolateralwärts aufsteigenden Fortsatz vereinigt (siehe Taf. IV, Fig. 5). Dieser letztere, leider beidseitig abgebrochene Fortsatz ist der hinterste der Querfortsätze der Vertebra complexa. Da der Fortsatz an seiner Basis abgebrochen ist, so ist natürlich nicht auszuschließen, daß er nicht nur einer, sondern zwei Parapophysen entsprach; doch erscheint dies recht unwahrscheinlich.

Der oben geschilderte größte Querfortsatz entspricht dem vierten der rezenten Welse. Sein Hinterrand ist nicht völlig erhalten und es läßt sich daher nicht feststellen, ob Parapophysis IV einheitlich oder aber in eine vordere und hintere Abteilung geteilt war. Doch ergibt sich aus dem intakten proximalen Teile des Hinterrandes, das ein eventueller hinterer Abschnitt der Parapophysis IV nur distalwärts und nur unbedeutend entwickelt gewesen sein konnte, wofern er überhaupt vorhanden war.

Schultergürtel.

Erhalten ist nur das linke Supracleithrum. Textfig. 12 gibt seine Ansicht von vorne wieder. Am Schädel ist jederseits der Anfangsteil der Grube zwischen Pteroticum und Epioticum erhalten, in welche der obere Ast des Supracleithrum eingekeilt war. Dieser obere Ast ist Textfig. 12 links oben als sich zuspitzende Knochenplatte sichtbar. Rechts unten in der Figur ist das wohlerhaltene Ende des Hauptteiles des Supracleithrum zu sehen, welches sich mit dem Cleithrum verband. In der Figur links unten ist ein Teil des zum Basioccipitale ziehenden unteren Gabelastes erkennbar. Die größte Dicke dieses schlank gebauten unteren Gabelastes beträgt ca. 7 mm. JAMES E. KINDRED (1919, S. 88) bezeichnet diesen unteren Gabelast des Supracleithrum bei *Amiurus* als transscapular bone. Er sei entstanden durch die Verknöcherung eines Ligamentes zwischen Schultergürtel und Schädel. Ich habe hier die von TATE REGAN (1911) verwendeten osteologischen Bezeichnung beibehalten.

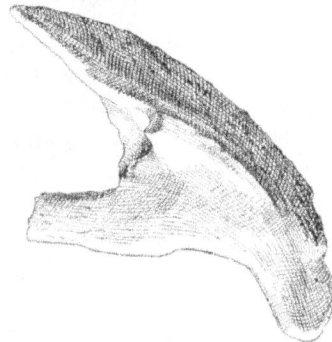

Textfig. 12. *Ariopsis aegyptiacus.* Qasr-es-Sagha-Stufe (Ob. Eocän). Linkes Supracleithrum von vorne. $^1/_2$ nat. Größe. 1905 XIII. e 5

Aus der durch die Grube zwischen Pteroticum und Epioticum bestimmten Lage des Supracleithrum ergibt sich, daß sein unterer Gabelast eine beträchtliche Länge erreicht haben muß. Die Stelle seines Anschlusses an das Basi- oder Exoccipitale ist nicht mit Sicherheit zu ermitteln. Wie bei *Fajumia* setzt sich das aus kleinen Höckern bestehende Oberflächenrelief des Schädels auf den oberen Gabelast und den Körper des Supracleithrum fort.

Nur der, den Anschluß an das (nicht erhaltene) Cleithrum vermittelnde Teil ist glatt. Durch das weit seitlich ausladende Supracleithrum wurde in die Breite des Tieres im Gebiete des Hinterhauptes beträchtlich vergrößert.

Zur Gattung *Ariopsis* gehört auch das Textfig. 13 abgebildete Schädeldach eines *Siluriden*. Das Supraoccipitale ist in den Proportionen etwas verschieden von *A. aegyptiacus;* doch kann eine solche kleine Differenz wohl in den Bereich der Variationsbreite der Art fallen.

e) Nicht genauer bestimmbare Welsreste aus dem ägyptischen Eocän.

1. aff. *Clarias.*

Ein Schädelbruchstück aus der Münchner Sammlung ist bezeichnet 1922 IX 3, Norden des Fajûm. Erhalten sind Teile der Frontalia, Sphenotica, das linke Pteroticum und das Supraoccipitale und zwischen den Frontalia der Beginn der Fontanelle.

Auf der Ventralseite ist die Naht zwischen dem Hinterende des Parasphenoides und dem Basioccipitale sehr deutlich, seitlich das Prooticum. Der vordere Rand des Supraoccipitale gleicht vollständig dem von mir in WEILER (1927), Taf. III, Fig. 6 abgebildeten Supraoccipitale aus dem Pliocän des Natrontales.

Die Skulptur des Schädeldaches ist gut erhalten. Es sind weniger einzelne Körner, als vielmehr ganze Züge, die in jedem einzelnen Knochen mehr oder weniger von einem Zentrum ausstrahlen. Das ganze Relief ist nicht sehr ausgesprochen. Die Knochennähte sind außerordentlich deutlich. Leider ist das Stück zu unvollständig, um eine sichere Zuweisung zur Gattung *Clarias* zu ermöglichen. Die Übereinstimmung der erhaltenen Partie mit *Clariiden* ist aber immerhin so groß, daß das Stück als aff. *Clarias* bezeichnet werden

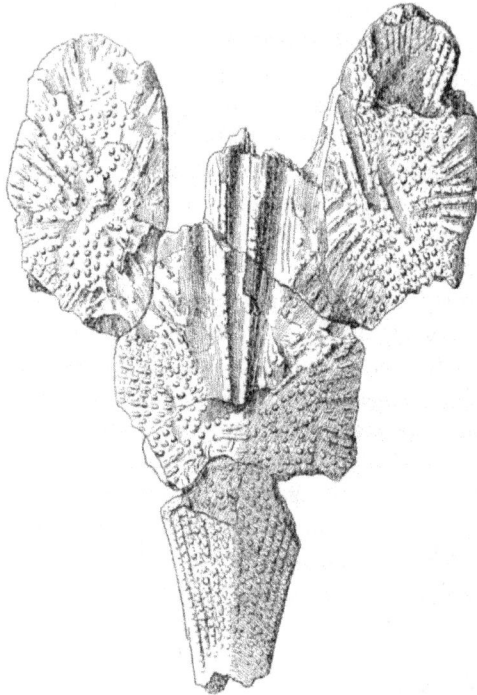

Textfig. 13. *Ariopsis* sp. Qasr-es-Sagha-Stufe (Ob. Eocän). Fragmente der hinteren Schädelpartien, Dorsalansicht. ¹/₂ nat. Gr. Bayr. Staatss. München.

Textfig. 14. *Fajumia* spec. Qasr-es-Sagha-Stufe (Ob. Eocän). Rückenflossenstachel. Verkl. ¹/₃. SENCKENBERG. Inst. Frankfurt.

Textfig. 15. Großer *Siluride*. Qasr-es-Sagha-Stufe (Ob. Eocän). Rechter Brustflossenstachel. Verkl. ¹/₃. Bayr. Staatss. München.

kann. Leider ist die eocäne Herkunft des Stückes nicht sicher; aus diesem Grunde wurde von einer bildlichen Wiedergabe abgesehen.

2. Kleiner *Siluriden*-Unterkiefer.

(Senckenberg'sches Institut.) Es scheint sich um eine junge *Fajumia* zu handeln. Die vordere Hälfte ist weggebrochen. Die Zahngrübchen reichen bis weit an den Coronoidfortsatz hinauf. Die Höhe des zahntragenden Kieferteiles scheint verglichen mit derjenigen des Coronoidfortsatzes geringer zu sein, als bei der erwachsenen *Fajumia*.

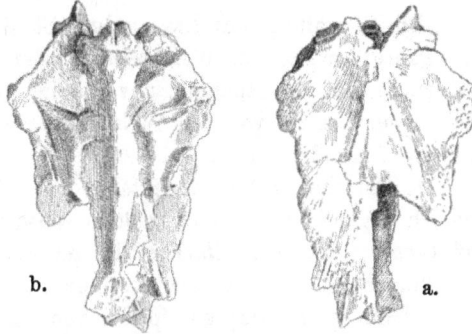

3. Kleiner *Siluriden*-Schädel.

Der ungünstige Erhaltungszustand gestattet keine genauere Bestimmung. Größe und Form sind aus Texfig. 16 ersichtlich.

Textfig. 16. *Siluriden*-Schädel. Qasr-es-Sagha-Stufe (Ob. Eocän).
16a Dorsalansicht.
16b Ventralansicht.
½ natürl. Größe. Senckenberg. Inst. Frankfurt a. M.

4. Großer *Siluriden*-Brustflossenstachel.

Siehe Texfig. 15. Der sehr derb gebaute Stachel ist, die Krümmung nicht mitgerechnet, über 26 cm lang. Der vordere Rand (des abduzierten Stachels) beschreibt einen gleichmäßigen, nach vorne konvexen Bogen, dem am Hinterrande eine etwas weniger ausgesprochene, nach hinten gerichtete Konkavität entspricht. Der Stachel ist stark dorsoventral abgeplattet. Nahe der Stachelbasis beträgt der craniocaudale Durchmesser ca. 30 mm, der dorsoventrale Durchmesser dagegen nur 15 mm. In der Mitte des Hinterrandes findet sich proximal eine Furche; sie ist im distalen Teil von kräftigen, den ursprünglich gegliederten Bau des Stachels verratenden Knochenzacken ausgefüllt. Diese Zacken ragen kaum über den Rand der Furche hinaus. Das unverknöcherte Stachelende mag wohl frei nach hinten ragende Zacken besessen haben. Die Oberfläche des Stachels ist, vielleicht infolge von Verwitterung, rauh. Es ist nur eine verworrene Längsriefung, aber kein ausgesprochenes Relief erkennbar. An der Stachelbasis ist der Führungswulst sehr kräftig ausgebildet.

Zu *Fajumia* oder *Socnopaea* kann der Stachel nicht gehören. Von *Ariopsis* kennen wir die Pectoralstacheln nicht; es ist aber nicht wahrscheinlich, daß er dazu gehört. Vielleicht wird durch diesen Stachel-Fund für die Qasr-es-Sagha-Stufe das Vorhandensein eines weiteren Welses von bedeutender Größe angedeutet.

V. Welsreste der Quatrani-Stufe (fluviomarines Unter-Oligocän) im Norden des Fajûm.

Die Sammlung des Bayerischen Staates in München besitzt aus der Qatrani-Stufe eine ganze Anzahl von Welsresten. Leider sind es nur vereinzelte, unvollständige Stücke. Sie erlauben keine genauere, zuverlässige Bestimmung; hingegen läßt sich mit Bestimmtheit sagen, daß sie von den Welsen der Qasr-es-Sagha-Stufe verschieden sind. Es handelt sich um folgende Funde:

1. Ein kleines Supraoccipitale, dessen hinteres Ende weggebrochen ist (Taf. II, Fig. 8a und 8b abgebildet). Die Oberfläche weist eine *Clarias*-artige ziemlich feine Granulierung auf. Sicher ist es ein *Siluride;* der ganzen Form nach könnte es sich um einen *Clariiden* handeln, aber eine wirkliche Bestimmung ist kaum möglich.

2. Ein großes Supraoccipitale von ca. 15 cm Länge und ca. 7 cm Breite. Seine Oberfläche ist von rauhen, kräftigen Granulationen bedeckt. Am Hinterende befinden sich zwei in der Mitte durch einen dreieckigen Einschnitt getrennte Fortsätze, die offenbar zur Verbindung mit einer Nuchalplatte dienten. Auf der Ventralseite ist derjenige Teil, welcher das Dach des *Cavum cranii* bildete, nur zu hinterst unverletzt erhalten. Dahinter findet sich, wie oft bei den Supraoccipitalia, eine mediane, vertikale Knochenleiste. Den Dimensionen nach könnte dieses Stück zu den im folgenden zu nennenden Mesethmoiden gehören. Es ist wahrscheinlich ein *Siluride*.

3. Zwei große Mesethmoide. Das größere Mesethmoid ist vorne 10,5 cm breit. Die Spitzen der seitlichen Hörner sind weggebrochen. Ergänzt man diese, so kommt man auf eine Breite von ca. 11 cm. Die Dicke des Knochens, von dem nur die charakteristische vordere Partie erhalten ist, beträgt 1,5 cm. Das kleinere der beiden Mesethmoide ist immerhin noch 8,5 cm breit (Abstand der Spitzen der seitlichen Hörner voneinander) und ca. 1 cm dick. Höchst wahrscheinlich ein *Siluride*.

4. Ein Teil eines linken Schultergürtels mit der proximalen Partie des Pektoralstachels, ein unvollständig erhaltenes linkes Cleithrum, vier unvollständig erhaltene Pektoralstacheln. Das Cleithrum war vermutlich mindestens 20 cm lang; erhalten ist ein Stück von 15 cm Länge. Die Außenseite des Knochens ist granuliert, die nach vorne gerichtete Fläche dagegen glatt. Im Gelenkteil findet sich eine tiefe Grube für den Führungswulst des Brustflossenstachels. Der Schultergürtel ist leichter gebaut, als derjenige von *Fajumia*. Die durchschnittliche Dicke des Knochens beträgt ca. 5 mm. Der Coracoidteil ist weggebrochen. Die Pektoralstacheln sind leicht nach hinten gekrümmt; an der Basis der (bei abduziertem Stachel) caudalen, von einer Furche durchzogenen Stachelfläche befindet sich eine weite Grube. Die Furche spricht dafür, daß an der nicht erhaltenen distalen Stachelhälfte am Hinterrande Knochenzähnchen vorhanden waren. Der dorsale Führungswulst der Sperrvorrichtung ist sehr ausgedehnt. Sicher *Siluriden*-Reste.

5. Ein von den genannten Stacheln wahrscheinlich spezifisch verschiedener Pektoralstachel, dessen Basis aber nur unvollständig erhalten ist (ein weiteres, ganz unvollständig erhaltenes Stachelstück ist reichlich 13 cm lang). Der ganze Stachel dürfte gegen 20 cm Länge besessen haben; er war dabei ziemlich stark dorsoventral komprimiert. In einer Furche am Hinterende sind schwache Knochenzäckchen vorhanden. Die Oberfläche des Stachels zeigt schwache Längsriefung. Sicher *Siluriden*-Reste.

6. Vier kleine Stacheln, unvollständig erhalten, bezeichnet Qatrani 1911, IX, 21, 22. Jeweils die proximale Hälfte von drei Pektoralstacheln und ein Dorsalstachel, dessen Spitze weggebrochen ist. *Synodontis*-ähnlich. Sicher *Siluriden*-Reste.

7. Ein Articulare. Vielleicht von einem *Siluriden*.

8. Ein ? Urohyale ? und unbestimmbare Knochenreste. Problematische Stücke.

In Anbetracht der Unvollständigkeit der vorliegenden Reste wurde darauf verzichtet, die Stücke mit vorläufigen Namen zu belegen. Da es sich augenscheinlich zum Teil um Tiere von stattlichen Dimensionen handelt, so besteht die Hoffnung, daß weitere Funde uns über die Welse des ägyptischen Oligocäns besseren Aufschluß geben werden.

VI. Über fossile Welse im allgemeinen.

Die hier beschriebenen Welsreste sind zum Teil sehr viel besser erhalten, als die bisher aus den Alttertiär bekannt gewordenen Funde, obwohl auch sie nicht vollständig sind. Namentlich kennen wir die Zahl der Wirbel nicht, ebenso wenig die systematisch wichtigste Partie des Schultergürtels. Daß auch die zarten, vor dem Metapterygoid gelegenen Knochen nicht erhalten sind, ist weiter nicht verwunderlich. Hingegen konnte das größte der Knöchelchen des WEBER'schen Apparates bei *Arius*, *Ariopsis* und *Socnopaea* nachgewiesen werden. Der Nachweis, daß die Ausbildung dieser Einrichtung schon im Eocän in der für *Siluroidea* charakteristischen, sie von den übrigen *Ostariophysen* sondernden Weise, vollendet war, ist natürlich keineswegs überraschend. Durch den Fund von *Arius Fraasi* spec. nov. wird ferner die Zuweisung von *Arius*-artigen Resten wie *A. egertoni* und *crassus* zu dieser Gattung bestätigt. Eine ganze Anzahl von wesentlichen Merkmalen des Schädels von *A. Fraasi* stimmen mit dem Bau der jetzt lebenden Arten der Gattung überein. Hingegen unterscheidet sich *Ariopsis* durch die Verbindungsweise des Supracleithrums mit dem Schädel von *Arius*. *Socnopaea* mag den *Ariidae* nahe stehen, *Fajumia* eher den *Bagridae*, ohne daß ich sie direkt bei diesen Familien unterbringen möchte. Es scheint sich da um altertümliche Formen zu handeln, die wohl Süßwasserbewohner waren und, ohne Nachkommen zu hinterlassen, erloschen sind. Sie sind in die Nähe der *Ariidae* plus *Bagridae* (beide Familien im Sinne von TATE REGAN) zu stellen. Die Diagnose der beiden Familien enthält ja sehr viel gemeinsame Züge. Eines der Unterscheidungs-Merkmale, das Verhalten der Nasenöffnungen, ist am Skelett nicht zu konstatieren; ein zweites, das Vorhandensein oder Fehlen eines Mesocoracoides, ist infolge des Erhaltungszustandes der vorliegenden fossilen Stücke nicht festzustellen. Zudem ist dieses zweite Kriterium offenbar nur zur Abgrenzung der rezenten Formen aufgestellt; die ältesten *Ariidae* werden wahrscheinlich ein Mesocoracoid besessen haben. Über den Zeitpunkt der Abzweigung der *Siluroidea* aus einer Stammgruppe von *Ostariophysi*, über die Herleitung dieser Gruppe von ursprünglicheren *Teleostei* und über die Art und Weise dieses Vorganges wissen wir noch gar nichts. Vermutlich geschah es in der Kreide, vielleicht schon im oberen Jura. Das einzige, was wir von Welsen aus der Kreide kennen, sind *Arius*-artige *Otolithen* (siehe S. 12!).

Neben *Fajumia* und *Socnopaea*, die bisher nur aus dem ägyptischen Eocän bekannt sind, waren *Arius*-artige Welse in Eocän sehr weit verbreitet und zwar in rein marinen Schichten; neben bloßen Flossenstachel-Funden aus dem Eocän von Belgien, Frankreich und England, deren Zugehörigkeit zur Gattung *Arius* vielfach nur wahrscheinlich erscheint, haben wir aus dem englischen Eocän sichere Reste von *Arius* und den nicht sicher bestimmbaren Schädelfund von *Bucklandium*. *Arius* war also schon im Eocän als Ausnahme unter den *Siluroidea* ein Meeresbewohner. Im marinen Eocän von Nigeria gesellt sich zu *Arius* der *Bagride Chrysichthys*. Die nordamerikanischen Funde aus Süßwasserschichten sind leider noch recht unvollständig; *Rhineastes* ist seiner systematischen Stellung nach nicht näher bestimmbar. Bei andern Funden erscheint die Zuweisung zu rezenten Gattungen nicht genügend gesichert. Trotzdem also unsere Kenntnis der eocänen Welse noch sehr lückenhaft ist, wissen wir da noch verhältnismäßig viel mehr, als über das Oligocän und Miocän. Bei manchen außereuropäischen Funden sind die Schwierigkeiten einer genauen Altersbestimmung noch nicht behoben. Aus Europa kennen wir nur recht dürftige und unsichere Reste. Das ägyptische Oligocän erscheint nach den bisherigen, allerdings noch unbefriedigenden Funden recht vielversprechend. Im Pliocän kennen wir namentlich aus den Siwalik Hills von Indien eine Anzahl von rezenten Gattungen mit teils ausgestorbenen, teils rezenten Arten. Auch das fluviomarine Pliocän des Natrontales und das Quartär Ägyptens, wie des Tschadsees weist eine ganze Anzahl von Welsen auf; leider ist da eine sichere spezifische Bestimmung nicht möglich. Es ist also wenigstens schon gesichert, daß Welse bereits im Alttertiär differenziert und weit verbreitet waren, ebenso daß sie im Süßwasser von Ländern, in welchen sie heute noch sehr gut vertreten sind, wie Ägypten und Ostindien, bereits vom Obereocän bzw. vom Pliocän an eine ziemliche Rolle gespielt haben. Leider weiß man von fossilen Welsen Südamerikas, wo sie heute doch besonders mannigfaltig und häufig sind, so gut wie nichts und von denen der paläarktischen Region fast nichts Genaues. Festgestellt ist von Europa ja nur, daß im Meere *Arius* während des Alttertiärs lebte, und daß während des Tertiärs im Süßwasser Formen verbreitet waren, die sicher nicht zu der Gattung *Silurus* gehören, die jetzt hier allein mit nur einer Art die *Siluroidea* vertritt.

Bei dieser Sachlage kann die Paläontologie zur Zeit zur Stammesgeschichte der Welse nur sehr wenig beitragen. Die natürliche systematische Gruppierung der *Siluriden* ist das Resultat vergleichend-anatomischer Untersuchungen, die durch tiergeographische Forschung unterstützt werden; denn es hat sich gezeigt, daß viele Welsgruppen auf mehr oder weniger scharf begrenzte Gebiete beschränkt sind. Zur Abklärung des historischen Werdens der gegenwärtigen geographischen Verteilung ist von der paläontologischen Forschung der Zukunft noch viel zu erhoffen. Da können selbst Funde von rezenten Gattungen und gar Arten, sofern sie nur zuverlässig bestimmbar und sicher datierbar sind, ein hohes Interesse gewinnen. Es sollte so möglich werden, die von zoologisch — vergleichend anatomischer Seite her gewonnenen Einsichten in die mutmaßliche Stammesgeschichte der Welse durch paläontologische Dokumente zu vertiefen und zu ergänzen. Hoffen wir also, daß sich diese Lücke durch weiteres sorgfältiges Registrieren und Bestimmen aller vereinzelten Welsfunde und wohl auch durch den Glücksfall der Entdeckung weiterer spätmesozoischer und tertiärer Fischfaunen ausfüllen lassen möge. Im jüngeren Tertiär sind weitere Welsfunde hauptsächlich aus warmen Klimaten außereuropäischer Länder zu erwarten, denn es ist anzunehmen, daß die *Siluroidea* im Laufe des Tertiärs allmählich ihre heutigen Verbreitungsgebiete eingenommen haben, wobei sie sich zum Teil vielleicht erst in diesen Gebieten zu den jetzt lebenden Gattungen und Arten entwickelt haben werden. Für die Feststellung

der Entstehungszentren für kleinere oder größere natürliche Welsgruppen wären paläontologische Funde besonders erwünscht. Da wir erst am Anfang der paläontologischen Erforschung der Tropengebiete stehen, und da es sich vorwiegend um Süßwasserfaunen handelt,
die oft nur lokal, aber dann besonders reich ausgebildet sind und oft lange der Aufmerk-
samkeit entgehen können, so dürfen wir von der Zukunft noch eine beträchtliche Ver-
mehrung unserer Kenntnis der fossilen Welse erwarten.

VII. Ergebnisse.

1. Systematische.
a) Ein wohlerhaltener Welsschädel aus der marinen unteren Mokattam-Stufe von Kairo
   gehört sicher zur Gattung *Arius*. Er ist verschieden von den bisher bekannten eocänen
   Arius-Schädelresten und von den rezenten Arten. Ich schlage für den Fund die Bezeichnung *Arius Fraasi* spec. nov. vor.
b) Neben der von E. v. STROMER 1904 aufgestellten Gattung und Art *Fajumia Schweinfurthi* muß unter den Welsen der fluviomarinen Qasr-es-Sagha-Stufe nach Differenzen
   im Schädelbau eine weitere Art *Fajumia Stromeri* spec. nov. unterschieden werden. Bei
   der gleichalterigen *Socnopaea* STROMER liegt kein Grund zum Auseinanderhalten verschiedener Arten vor.
c) Für einen *Arius*-ähnlichen Schädelrest derselben Stufe schlage ich die Benennung
   Ariopsis aegyptiacus nov. gen., nov. spec. vor.
d) Die Gattung *Clarias* ist durch ein nicht ganz sicheres Schädelfragment vertreten.
e) Bei den Welsresten der fluviomarinen Qatrani-Stufe handelt es sich um andere, als die
   aus dem Eocän beschriebenen Formen. Die vorliegenden Funde erlauben noch keine
   sichere Bestimmung.
f) Fossile Welse sind durch Otolithen schon seit der oberen Kreide bekannt; die meisten
   Reste sind aber nicht näher bestimmbar und nur wenigen bestimmten Gattungen rezenter Familien zuzuweisen. Von den 23 Familien der heutigen Welse sind daher nur
   einige in fossilen Vertretern sicher nachgewiesen.
2. Morphologische.
   Der WEBER'sche Apparat war bei den eocänen Welsen schon völlig ausgebildet. Die
   Wirbelverschmelzung im vordersten Teil der Wirbelsäule stimmt in der Art ihrer Ausbildung überein mit derjenigen rezenter Welse aus der Gruppe *Ariidae* + *Bagridae*.
   Der größte Knochen des WEBER'schen Apparates, der Tripus, ist an verschiedenen Fundstücken nachweisbar.
3. Tiergeographische und Ökologische.
a) *Siluroidea* waren schon vom Eocän an in Ägypten häufig und anscheinend formenreich.
b) Sie spielen dort vom Obereocän an als Süßwasserbewohner wie noch heute eine wich-
   tige Rolle. *Arius* aber war als Ausnahme unter den *Siluroidea* schon im Eocän als
   Meeresbewohner verbreitet.
c) Süßwasser bewohnende Welse sind bisher nur aus dem Tertiär und Quartär NO- und
   W-Afrikas und dem Jungtertiär und Quartär Ostindiens in größerer Zahl und guter
   Erhaltung nachgewiesen; aus Südamerika, Australien und dem Hauptteil Asiens kennt
   man fast noch keine, aus Europa und Nordamerika nur ganz wenige und kaum näher
   bestimmbare Reste.

Literatur-Verzeichnis.

ANDREWS, Ch. W.: A Pliocene Vertebrate Fauna from the Wady Natrun, Egypt. Geol. Magaz. London (4) IX, 1902, S. 433—439. Pl. 21.

BEADNELL, H.: The Topography and Geology of the Fayum Province of Egypt. Cairo 1905.

BLANCKENHORN, M.: I. Das Pliocän und Quartaerzeitalter in Ägypten, ausschließlich des Roten Meergebietes. Zeitschr. der Deutsch. geol. Ges. LIII, 1901, S, 307—502.

— II. Neue geologisch-stratigraphische Beobachtungen in Ägypten. Sitz.-Ber. math.-phys. Kl. K. bayr. Akad. Wiss. XXXII, 1902, S. 419—426.

BRIDGE, T. W. and HADDON, A. C.: III. Contributions to the Anatomy of Fishes. — II. The Air-bladder and Weberian Ossicles in the Siluroid Fishes. Philos. Transact. of the Royal Society of London. (B) 1893 Vol. 184, S. 65 ff. London 1894.

COPE, E. D.: Contrib. Extinct Vert. Fauna. W. Territ. Rep. U. S. Geol. Surv. Territ. vol. 1. 1873.

— On vertebrata from the Tertiary and Cretaceous rocks of the North West territory. I. The species from the Oligocene or Lower Miocene beds of the Cypress hills. Contrib. Canadian. Palaeont., 1891, 3, 1—25. 14 pl. 1891.

CUVIER et VALENCIENNES: 'Histoire naturelle des Poissons 1828—1845, vol. 14, 1839, vol. 15, 1840.

DOLLO, L.: Première Note sur les Téleostéens du Bruxellien (Eocène moyen) de la Belgique. Bulletin de la Soc. Belge de Géol. T. III. 1889, p. 218 ff. Bruxelles.

FOURTEAU, R.: Contribution à l'étude des Vertébrés miocènes de l'Egypte. Survey Department, Cairo 1918.

GILL, T.: „Arrangement of the families of Fishes" Smithsonian Miscellaneous Collections', vol. 11, 1872.

GOODRICH, E. S.: Part IX von Ray Lankester's Treatise on Zoology. Vertebrata Craniata (First Fascicle: Cyclostomes and Fishes) London 1909.

GÜNTHER, A.: Catalogue of the Physostomi, containing the Families Siluridae, Characinidae, Haplochinidae, Sternoptychidae, Scopelidae, Stomiatidae, in the Collection of the British Museum. London 1864.

HECKEL, J. J.: Beiträge zur Kenntnis der fossilen Fische Österreichs, in Denkschr. d. k. k. Akademie d. Wiss. Vol. I. Wien 1849.

JAQUET, M.: Recherches sur l'Anatomie et l'Histologie du Silurus glanis. Archives des Sciences Medicales de Bucarest, Paris 1898, No. 3/4, 5/6 1899 No. 3/4.

KINDRED, J. E.: The Skull of Amiurus. Illinois Biological Monographs. Vol. V. Nr. 1. January 1919, Urbana 1919.

KOKEN, E.: Über Fisch-Otolithen, insbesondere über diejenigen der norddeutschen Oligocaen-Ablagerungen. Zeitschr. Deutsch. geol. Ges. XXXVI. Bd. S. 500 ff. Berlin 1884.

— Neue Untersuchungen an tertiären Fischotolithen II. Zeitschr. Deutsch. geol. Ges. XLIII. Bd. S. 81, Berlin 1891.

KOSCHKAROFF, D. N.: Beiträge zur Morphologie des Skeletts der Teleostier. Das Skelett der Siluroidei. Bulletin de la Soc. imp. d. nat. de Moscou. Nouv. série. T. XIX 1905, pag. 209 ff. Moscou 1907.

LAUBE, G. C.: Bericht über Siluridenreste aus der böhmischen Braunkohlenformation. Verh. k. k. geol. Reichsanst., Jahrg. 1897, S. 337—339, Wien 1897.

— Synopsis der Wirbeltierfauna der böhmischen Braunkohlenformation. Prag 1901.

LEBLING C.: III. Forschungen in der Baharîje-Oase und andern Gegenden Ägyptens, in Ergebn. d. Forschungsreisen Prof. E. STROMER's in den Wüsten Ägyptens. Abh. d. Bayr. Akad. d. Wissensch. Math.-physik. Klasse XXIX. Bd. 1. Abh. S. 1 ff. München 1919.

LERICHE, M.: Faune ichthyologique des sables à Unios et Térédines des environs d'Epernay (Marne) Ann. Soc. Géol. Nord, 1900, 29, 173—196. 2 pls. et 5 figs.

— Sur quelques éléments nouveaux pour la faune ichthyologique du Montien inférieur du bassin de Paris. Ann. Soc. Géol. Nord, 1901, 30, 153—161. pl. et 16 figs.

— Sur deux pycnodontidés des terrains secondaires du Boulonnais. Ann. Soc. Géol. Nord, 1901, **30**, 161—165. pl. et 2 figs.

— Contribution à l'étude des siluridés fossiles. Ann. Soc. Géol. Nord, 1901, 30, 165—175. pl. et 4 figs.

— Les Poissons éocènes de la Belgique. Mém. Musée R. d'Hist. natur. de Belgique, T. III, Brüssel 1905.

— Les Poissons paléocènes et éocènes du Bassin de Paris. Note additionelle. Bull. soc. Géol. de France. T. 22. Paris 1922.

Lydekker, R.: Indian Tertiary & Post-Tertiary Vertebrata. Tertiary Fishes. Palaeontologica Indica. Ser. X, Vol. III. p. 241 ff. Calcutta 1886.

Müller, Joh.: Untersuchungen über die Eingeweide der Fische. (III.) Beobachtungen über die Schwimmblase der Fische. Abh. Akad. Berlin, 1843 [1845], p. 135. Vorl. Mitteil. in Monatsbericht Akad. Berlin, 1842 und Arch. f. Anat. und Phys., 1842, p. 306.

Neumayr, L.: Zur vergl. Anatomie des Schädels eocäner und rezenter *Siluriden*. Paläontographica 59. Bd. Seite 251 ff., Stuttgart 1912.

Peyer, B.: Über die Flossenstacheln der Welse und Panzer-Welse, sowie des Karpfens. Morph. Jahrb., Bd. 27, Heft 4, Seite 493 ff. Leipzig 1922.

Pfeffer, G.: Die Frage der Grenzbestimmung zwischen Kreide und Tertiär in zoogeogr. Betrachtung. Jena 1927.

Pilgrim, G. E.: The Vertebrate fauna of the Gaj series in the Bugti hills and the Punjab. Mem. geol. Serv. India, N. S., Vol. 4, Mem. 2, Calcutta 1912.

Priem, F.: Poissons fossils de la République Argentine. Bulletin de la Soc. Géol. de France, 4. série vol. 11, Paris 1911.

— Sur les poissons fossils et en particulier des Siluridés du Tertiaire supérieur et des couches récentes d'Afrique. Mém. de la Soc. Géol.. de France, vol. 21, Paris 1914.

— Sur les Vertébrés etc. Bull. Soc. géol. France, 4. série, t. XIV, 1914.

— Poissons fossils du Miocène d'Egypte. Burdigalien de Moghara, „Désert libyque". In Fourteau, Contribution à l'étude des vertébrés miocènes de l'Egypte. Cairo 1920.

Regan, C. T.: The Classification of the Teleostean Fishes of the Order Ostariophysi. — 2. Siluroidea. The Annals and Mag. of Nat. Hist. (8. series) Nr. 47. Nov. 1911, p. 553 ff. London 1911.

Reissner, E.: Über die Schwimmblase und den Gehörapparat einiger *Siluriden*. Archiv f. Anat., Phys. und wiss. Medicin. Leipzig 1859, p. 421.

Sagemehl, M.: Beiträge zur vergl. Anatomie der Fische. III. Das Cranium der *Characiniden* nebst allgemeinen Bemerkungen über die mit einem Weber'schen Apparat versehenen *Physostomen*-Familien. Morph. Jahrb. 10. Bd. Seite 1 ff. Leipzig 1885.

Schelaputin, Gr.: Beiträge zur Kenntnis des Skeletts der Welse (das Cranium von *Clarias*). Bulletin de la Soc. Imp. d. nat. de Moscou 1905, T. XIX. p. 85 ff. Moscou 1907.

Stolley, E.: Über mesozoische Fischotolithen aus Norddeutschland. 3. Jahresber. niedersächs. geol. Verein zu Hannover. 1910.

— Ergänzende Bemerkungen zu dem Aufsatz über mesozoische Fischotolithen. 5. Jahresber. d. niedersächs. geol. Vereins zu Hannover. 1912.

Stromer, E.: Wirbeltierreste aus dem mittleren Pliocän des Natrontales und einige subfossile und rezente Säugetierreste aus Ägypten. Zeitschr. der Deutschen geol. Ges. Bd. 54. 1902. 21 Briefliche Mitt. Seite 108 ff. München 1902.

— Nematognathi aus dem Fajûm und dem Natrontal in Ägypten. Neues Jahrbuch für Mineralogie, 1904, Bd. 1. Seite 1 ff. Stuttgart 1904.

— Die Fischreste des mittleren und oberen Eocäns von Ägypten, 1. und 2. Beitr. z. Paläont. u. Geol. Österr.-Ung. u. Orient, Bd. 18, Seite 163 ff. Wien 1905 (a).

— Geographische und geologische Beobachtungen im Uadi Natrûn und Fâregh in Ägypten. Abhandl. d. Senckenb. Naturf. Ges., Bd. 29, Seite 69 ff. Frankfurt 1905 (b).

— Über die Bedeutung der fossilen Wirbeltiere Afrikas für die Tiergeographie. Verhandl. d. Deutsch. Zool. Ges., 1906, Seite 204 ff. Jena 1906.

— Geologische Beobachtungen im Fajûm und am unteren Niltale in Ägypten. Abhandl. d. Senckenb. Naturf. Ges., Bd. 29, Seite 135 ff. Frankfurt 1907.

— Wirbeltiere im obermiocänen Flinz Münchens. Abhandl. bayer. Akad. Wiss., math.-naturw. Abt., Bd. 32, Abhandl. 1, München 1928.

— Die Topographie und Geologie der Strecke Gharaq—Baharîje nebst Ausführungen über die geologische Geschichte Ägyptens, in Ergebnisse der Forschungsreisen Prof. E. Stromer's in den Wüsten Ägyptens. Abhandl. d. k. Bayr. Akad. d. Wiss. Math.-physik. Kl. Bd. 26, Abhandl. II. München 1926.

— Die Entdeckung und die Bedeutung der Land- und Süßwasser bewohnenden Wirbeltiere im Tertiär und der Kreide Ägyptens. Zeitschr. d. Deutschen geol. Ges., Bd. 68, 1916.

56

Stromer E.: Ergebnisse meiner Forschungsreisen in den Wüsten Ägygtens. Naturwissenschaften 14. Jahrg., Heft 17, Seite 353 ff. Berlin 1927.

Studer, Th.: Über fossile Knochen vom Wadi Natrun, Unterägypten. Mitteil. naturf. Ges. in Bern 1898, Seite 72—77. Bern 1899.

Thilo, O.: Die Sperrgelenke an den Stacheln einiger Welse, des Stichlings und des Einhorns. Diss. Dorpat 1879.

Toula, Fr.: Geologische Untersuchungen im zentralen Balkan. Denkschr. k. Akad. Wiss., math.-naturw. Kl., Bd. 55, Seite 1 ff. Wien 1889.

Voigt, E.: Über ein bemerkenswertes Vorkommen neuer Fischotolithen in einem Senongeschiebe von Cöthen in Anhalt. Zeitschrift für Geschiebeforschung. Bd. II, Heft 4. 1926.

Weber, E. H.: De aure et auditu hominis et animalium. Pars I. De aure animalium aquatilium. Leipzig 1820.

Wegner, R. N.: Tertiär und umgelagerte Kreide bei Oppeln (Oberschlesien). Paläontogr., Bd. 60, S. 175 ff. Stuttgart 1913.

Weiler, W.: J. Selachii und Acanthopterygii nebst einem Anhang über die mittelpliocänen Siluriden des Natrontales von B. Peyer, in Mitt. über die Wirbeltierreste aus dem Mittelpliocän des Natrontales (Ägypten). Sitzungsber. d. Bayr. Akad. d. Wiss. Math.-naturw. Abt. Jahrg. 1926, Seite 317 ff. München 1926.

Woodward, A. S.: Note on Bucklandium diluvii, König, a Siluroid Fish from the London Clay of Sheppey. Proceed. of the Zool. Soc. of London 1889, p. 208 ff. London.

Wright, R. Ramsay: The Relationship between the Airbladder and auditory Organ in Amiurus. Zool. Anz. vol. 7, 1884. p. 248.

— Mc. Murrich, J. P., and Mc. Kenzie, T.: Contributions to the Anatomy of Amiurus. Toronto 1884. Reprinted from Proc. Canadian Institute (N. S.), vol. 2, 1884, p. 251.

— On the Skull and Auditory Organ of the Siluroid Hypophthalmus. Canada, Royal. Soc. Trans., vol. 3, sect. IV., 1885, p. 107.

Zittel, K. v.: Grundzüge der Paläontologie, neubearbeitet von F. Broili und Schlosser. II. Abt. Vertebrata. 4. Aufl. München und Berlin 1923.

Verzeichnis der Abbildungen.

				Museum	Bezeichnung
Fajumia Schweinfurthi Stromer.	Eocän	Vollst. Schädel, Dorsal-Ansicht	Textfig. 1	Frankfurt	c 17. XII. 2½–3½
"	"	Schädel, Dorsalansicht	Tafel I, Fig. 1a	"	"
"	"	" Ventralansicht	Tafel I, Fig. 1b	"	"
"	"	" Dorsalansicht, hinterer Teil mit Supracleithrum u. Nuchalschild	Textfig. 2	München	1905 XIII. c 3
"	"	Schädel von hinten	Tafel II, Fig. 1	Frankfurt	c 17. XII. 2½–3½
"	"	Unterkiefer, links, von innen	Tafel III, Fig. 1b	"	"
"	"	" rechts, von außen	Tafel III, Fig. 1a	"	"
"	"	Hyomandibulare, Quadratum, Praeoperculum, rechts, von innen unten	Tafel II, Fig. 3a	"	"
"	"	Hyomandibulare, Quadratum, Praeoperculum, links, von außen oben	Tafel II, Fig. 3b	"	"
"	"	Hyoid, links, von innen	Tafel I, Fig. 2a	"	"
"	"	" " " außen	Tafel I, Fig. 2b	"	"
"	"	Urohyale, Dorsalansicht	Tafel III, Fig. 2b	"	"
"	"	" Ventralansicht	Tafel III, Fig. 2a	"	"
"	"	Operculum, rechts	Tafel II, Fig. 6	"	"
"	"	Interoperculum, rechts, von außen	Tafel I, Fig. 3	"	"
"	"	Nackenschild und Rückenstachel	Tafel II, Fig. 7	"	"
"	"	Vertebra complexa	Tafel II, Fig. 5	München	1902 XI. 42e
"	"	Wirbel, Rückansicht	Tafel II, Fig. 2a	Frankfurt	c 17 XII. 2½–3½
"	"	" Vorderansicht	Tafel II, Fig. 2b	"	"
"	"	Schultergürtel, rechts	Tafel II, Fig. 4	"	"
Stromeri spec. nov.	"	Schädel, Dorsalansicht	Tafel IV, Fig. 1	München	1905 XIII. c 4
"	"	" Ventralansicht	Textfig. 3	Frankfurt	"
"	"	Rückenflossenstachel	Textfig. 14	Stuttgart	—
spec.	"	Schädel, Dorsalansicht, Nuchalplatten und Rückenstachel	Textfig. 4a	Frankfurt	—
"	"	Schädel, Ventralansicht, Vertebra complexa, dislozierte Wirbel	Textfig. 4b	"	"
Socnopaea grandis Stromer.	"	Schädel, dorsolateral, mit in situ erhaltenem Hyomandibularapparat, Operculaapparat	Textfig. 5a	London	—

				Museum	Bezeichnung
Socnopaea grandis Stromer.	Eocän	Schädel, Ventralansicht	Textfig. 5b	London	—
„	„	Schädel, Dorsalansicht	Tafel III, Fig. 3	München	1905 XIII. c 7
„	„	Unterkiefer, von außen	Tafel IV, Fig. 2	Frankfurt	—
„	„	„ von oben	Tafel IV, Fig. 2a	„	—
„	„	Interoperculum, von außen	Textfig. 7a	London	—
„	„	„ von innen	Textfig. 7b	„	—
„	„	Vertebra complexa, von der 1. Seite	Tafel IV, Fig. 3	München	1905 XIII. c 7
„	„	„ von vorn	Tafel IV, Fig. 4a	Freiburg i.Br.	—
„	„	„ ventral	Tafel IV, Fig. 4	„	„
„	„	Wirbelsäule, seitliche Ansicht, von 20 Wirbeln	Textfig. 8	London	—
„	„	Brustflossenstachel, nebst Teilen des Schultergürtels, links	Textfig. 6	München	—
„	„	Brustflossenstachel, rechts	Textfig. 9	München	—
Ariopsis aegyptiacus gen. nov. spec. nov.	.	Schädel und Vertebra complexa, Ventralansicht	Tafel V, Fig. 1a	München	1905 XIII. e 5
„	„	Ansicht von hinten	Tafel IV, Fig. 5	„	—
„	„	von links	Tafel V, Fig. 1b	„	—
„	„	HintereSchädelpartie,Nuchalplatten, Rückenflossenstachel, Dorsalans.	Textfig. 10	„	—
„	„	Nuchalplatte, Befestigung d.Rücken- flossenst. Ausschnitt s. Textf. 10	Textfig. 11	„	„
„	„	Linkes Supracleithrum, von vorne	Textfig. 12	„	„
„	„	Hintere Schädelpartie, Dorsalansicht	Textfig. 13	„	—
„	„	Schädel, Dorsalansicht	Textfig. 16a	Frankfurt	—
„	„	Ventralansicht	Textfig. 16b	„	—
Siluride . . .	Oligocän	Supraoccipitale, Dorsalansicht	Tafel II, Fig. 8a	München	1911 IX. 22
„	„	Ventralansicht	Tafel II, Fig. 8b	„	—
„	Eocän	Brustflossenstachel, rechts	Textfig. 15	„	—
„	„	Schwanzflosse	Tafel VI, Fig. 1	„	—
„	„	Schädel nebst Schultergürtel und Nuchalplatte	Tafel VI, Fig. 1	„	1905 XIII. c 7a
Arius Fraasi spec. nov.	Eocän, u. Mokattam	Nuchalplatte Dorsalansicht	Tafel VI, Fig. 2	Stuttgart	M 1904
„	„	Ventralansicht	Tafel VI, Fig. 2a	„	„
„	„	Lateralansicht	Tafel VI, Fig. 2b	„	„

Tafel-Erklärung.

Tafel I.

Fajumia Schweinfurthi STROMER. Qasr-es-Sagha-Stufe, Norden des Fajûm.
SENCKENBERG'sches Institut Frankfurt a. M. (Exemplar c.).

Fig. 1a: Schädel, Dorsalansicht.
Fig. 1b: Schädel, Ventralansicht.
Fig. 2a: Linkes Hyoid, Innenansicht.
Fig. 2b: Linkes Hyoid, Außenansicht.
Fig. 3:   Interoperculum rechts, Außenansicht.
        Alle Figuren auf 1/2 natürlicher Größe verkleinert.

Tafel II.

Fajumia Schweinfurthi STROMER. Qasr-es-Sagha-Stufe, Norden des Fajûm.
SENCKENBERG'sches Institut Frankfurt a. M. (Exemplar c.).

Fig. 1:   Schädelansicht, von hinten.
Fig. 2a: Wirbel, Rückansicht.
Fig. 2b: Wirbel, Vorderansicht.
Fig. 3a: Rechtes Hyomandibulare, Quadratum und Praeoperculum von innen unten.
Fig. 3b: Linkes Hyomandibulare, Quadratum und Praeoperculum von außen — oben.
Fig. 4:   Schultergürtel, rechts.
Fig. 5:   Vertebra complexa.
Fig. 6:   Operculum, rechts.
Fig. 7:   Nackenschild und Rückenstachel.

Schädelbruchstücke, mittlere Partie.

Fig. 8:   Supraoccipitale eines Welses Qatrani-Stufe, Oligocän, Ägypten. Bayr. Staatss. München.
Fig. 8a: Dorsalansicht.
Fig. 8b: Ventralansicht.
        Alle Figuren auf 1/2 natürlicher Größe verkleinert.

Tafel III.

Fig. 1a: *Fajumia Schweinfurthi*. Rechter Unterkiefer, Außenansicht. Qasr-es-Sagha-Stufe, Norden des
        Fajûm. SENCKENBERG'sches Institut, Frankfurt a. M. (Exemplar c.).
Fig. 1b: Linker Unterkiefer, Innenansicht.
Fig. 2a: Urohyale desselben Exemplares. Ventralansicht.
Fig. 2b: Dasselbe Urohyale, Dorsalansicht.
Fig. 3:   *Socnopaea grandis* STROMER. Schädel, Dorsalansicht. Qasr-es-Sagha-Stufe, Norden des Fajûm.
        Bayerische Staatssammlung, München.
        Alle Figuren auf 1/2 natürlicher Größe verkleinert.

Tafel IV.

Fig. 1:   *Fajumia Stromeri* spec. nov., Schädel, Dorsalansicht. Qasr-es-Sagha-Stufe, Norden des Fajum. Bayerische Staatssammlung, München.

Fig. 2:   *Socnopaea grandis* STROMER. Unterkiefer. Außenansicht.

Fig. 2a: *Socnopaea grandis* STROMER. Dorsalansicht desselben Unterkiefers. Qasr-es-Sagha-Stufe, Norden des Fajûm. SENCKENBERG'sches Institut, Frankfurt a. M.

Fig. 3:   *Socnopaea grandis* STROMER. Vertebra complexa, Ansicht von links. Quasr-es-Sagha-Stufe. Bayerische Staatssammlung, München.

Fig. 4:   *Socnopaea grandis* STROMER. Vertebra complexa, Ventralansicht. Qasr-es-Sagha-Stufe, Norden des Fajûm. Universitätssammlung Freiburg i. B.

Fig. 4a: Dasselbe Stück, Ansicht von vorn.

Alle Figuren auf ¹/₂ natürlicher Größe verkleinert.

Tafel V.

Ariopsis aegyptiacus, gen. nov., spec. nov. Schädel mit Vertebra complexa und Nuchalschild. Qasr-es-Sagha-Stufe, Norden des Fajûm. Bayerische Staatssammlung, München.

Fig. 1a: Ventralansicht.

Fig. 1b: Lateralansicht.

Alle Figuren auf ¹/₂ natürlicher Größe verkleinert.

Tafel VI.

Fig. 1:   *Ariopsis aegyptiacus* gen. nov., spec. nov. Qasr-es-Sagha-Stufe, Norden des Fajûm. Bayerische Staatssammlung, München.

Vertebra complexa, Ansicht von hinten. ¹/₂ natürlicher Größe.

Fig. 2:   *Arius Fraasi* spec. nov. Unterste Mokattam-Stufe, Eocän, Cairo. Naturalienkabinett Stuttgart. Photographische Aufnahme in natürlicher Größe.

Fig. 2:   Dorsalansicht.

Fig. 2a: Ventralansicht.

Fig. 2b: Lateralansicht von Schädel, Schultergürtel und Vertebra complexa.

Inhaltsübersicht

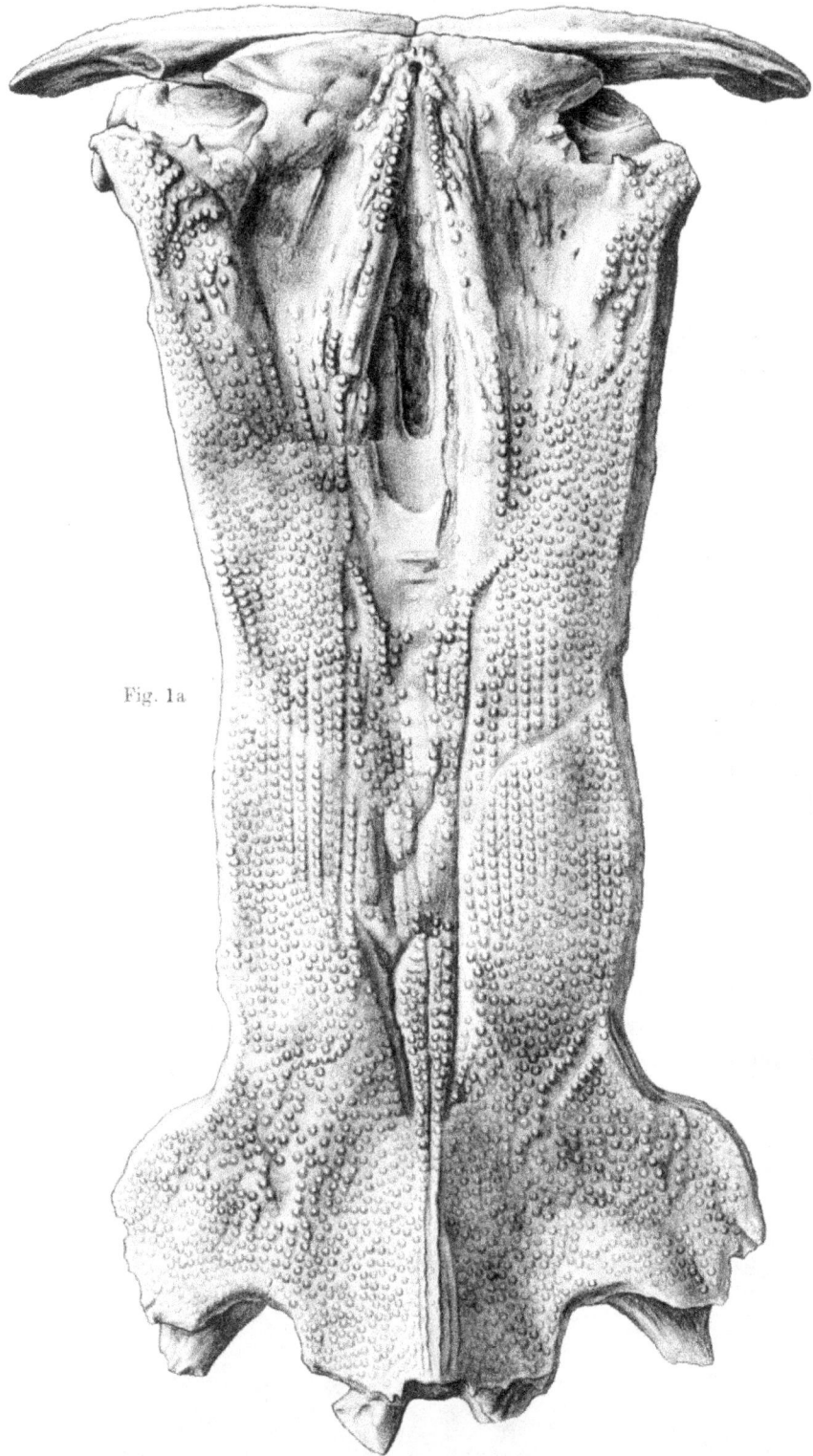

Fig. 1a

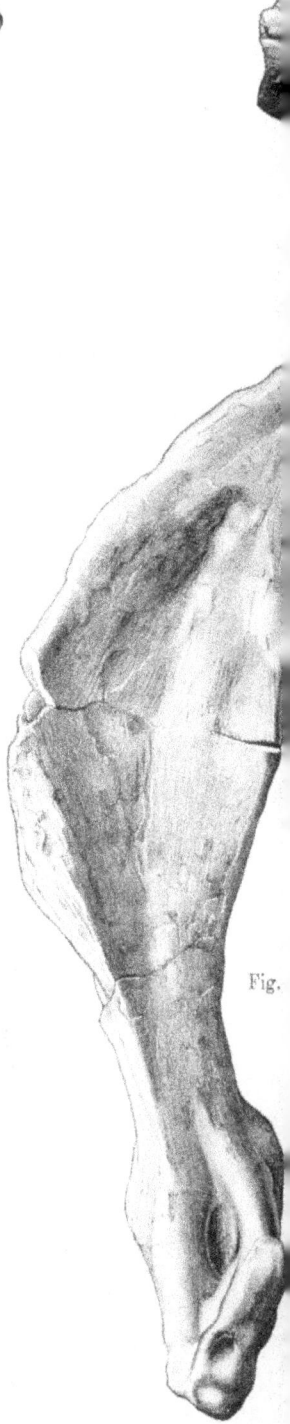

Fig.

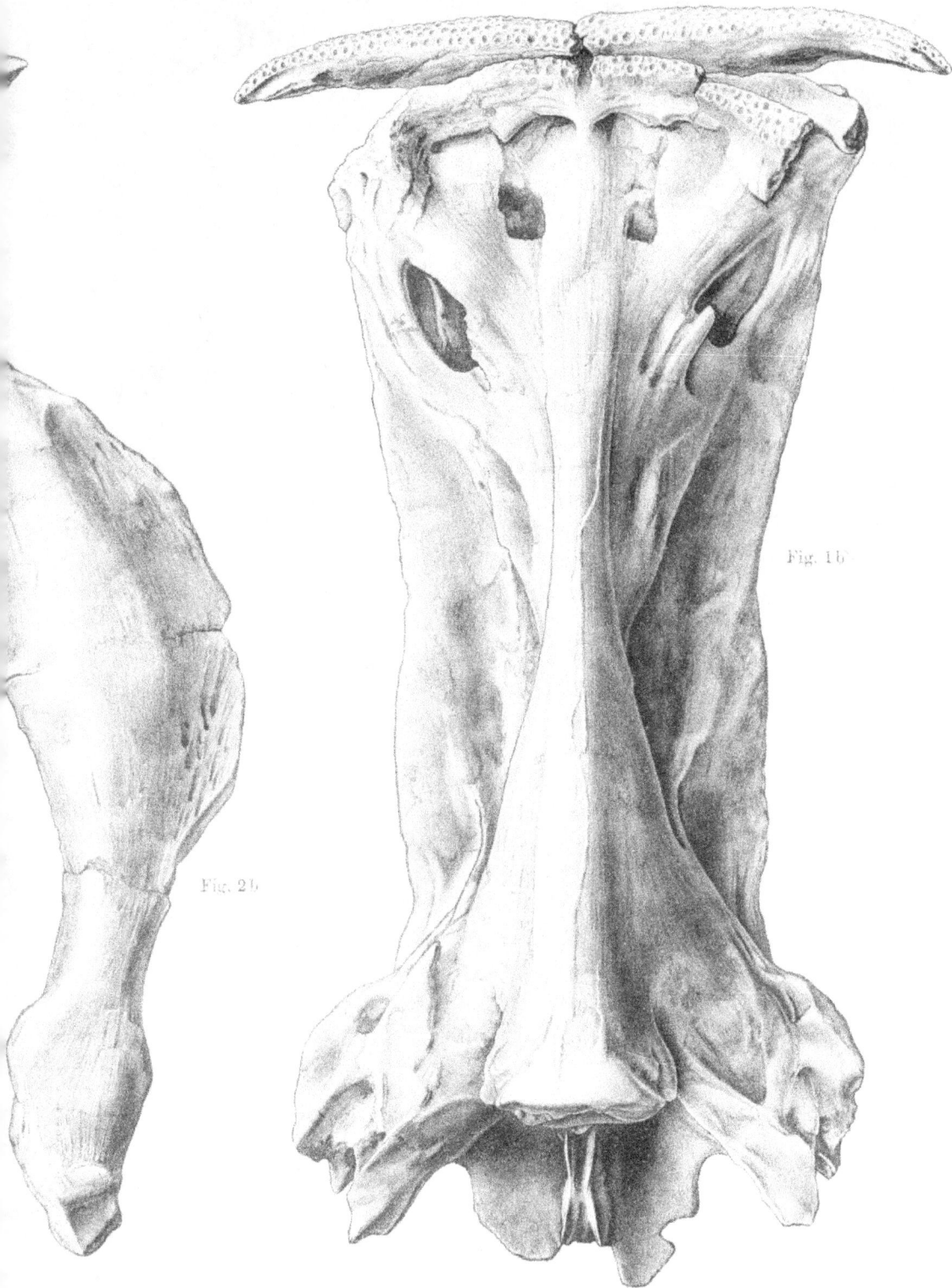

Fig. 1b

Fig. 2b

Lichtdruck J. B. Obernetter München.

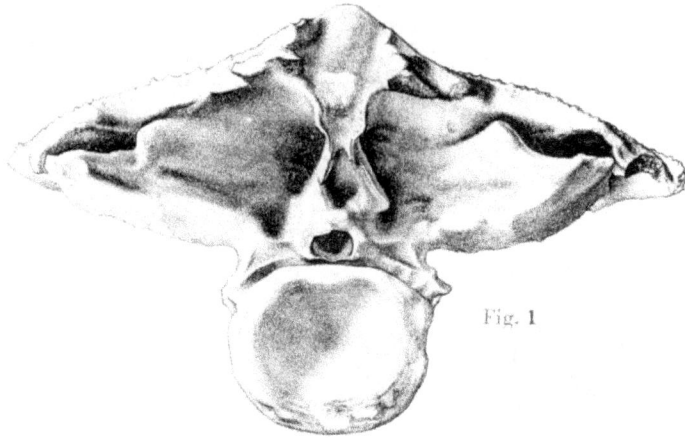

Fig. 1

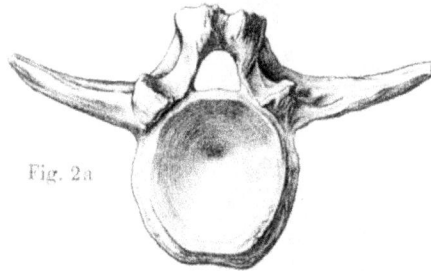

Fig. 2a

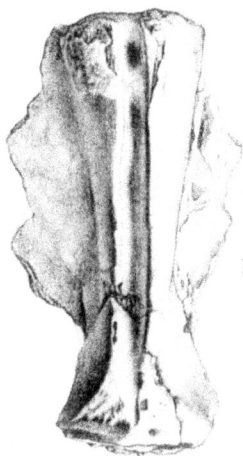

Fig. 5

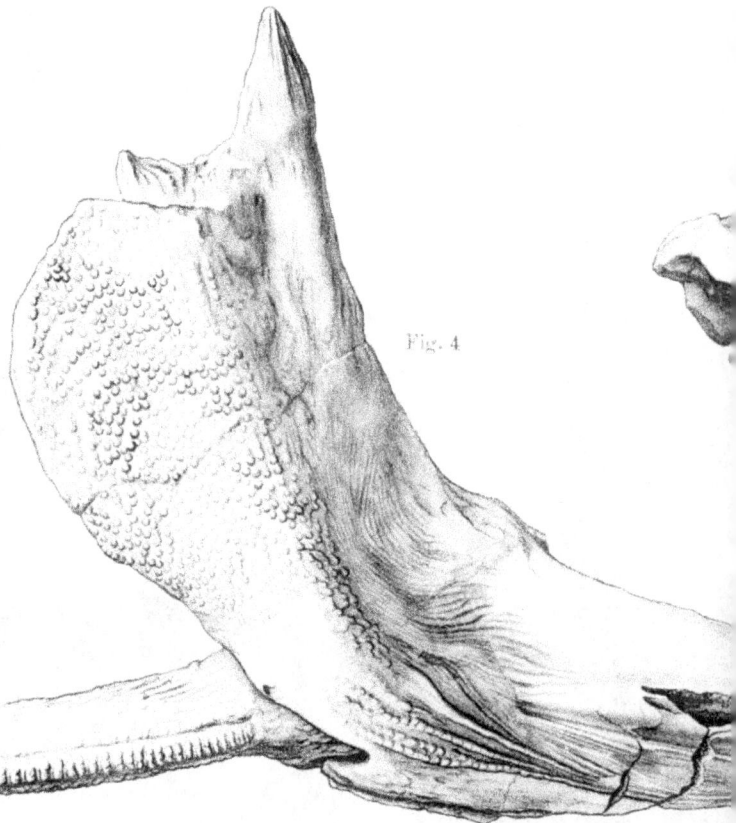

Fig. 4

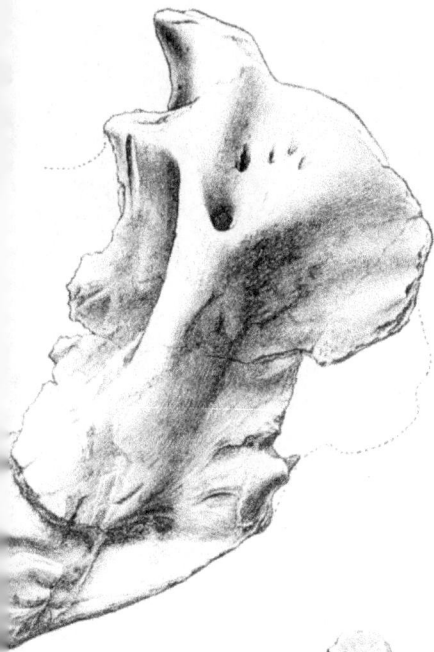

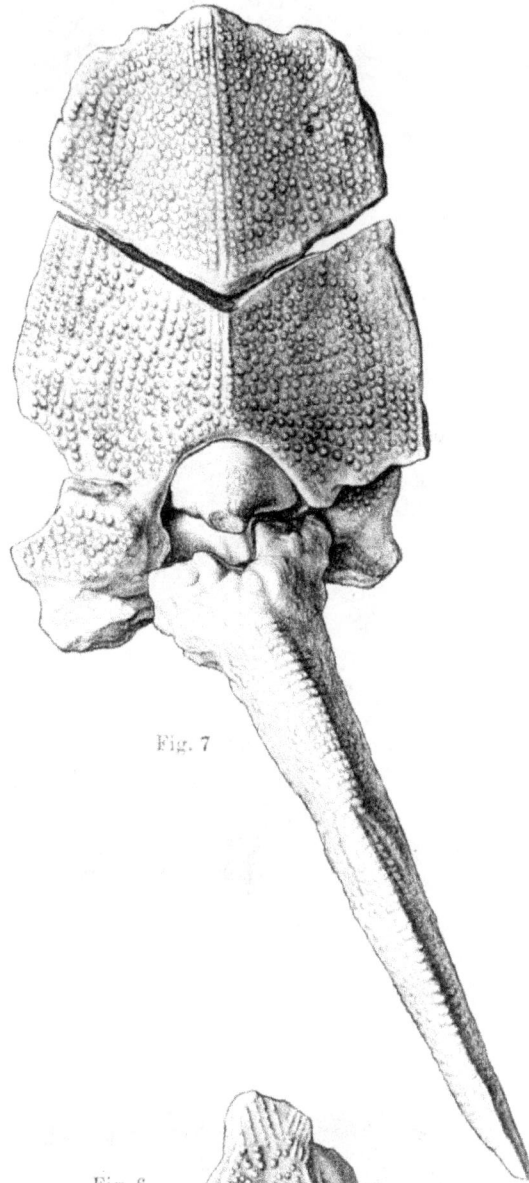

Fig. 7

Fig. 3 b

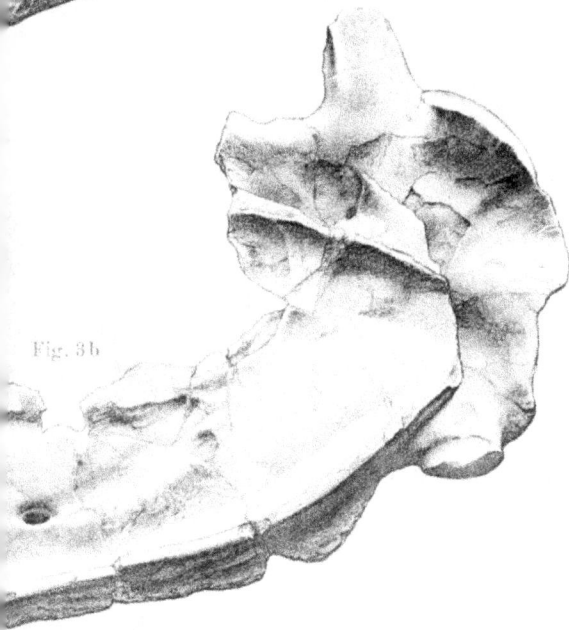

Fig. 6

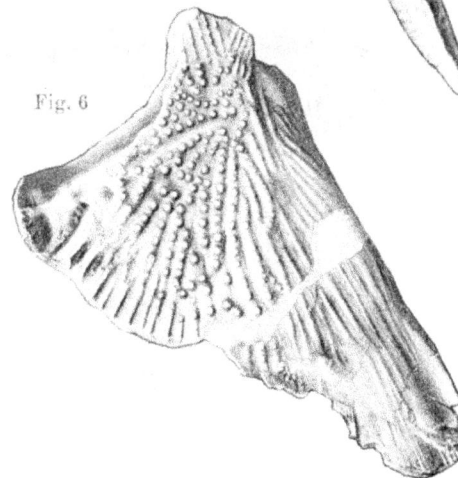

Fig. 8 a   Fig. 8 b

Lichtdruck J. B. Obernetter. München

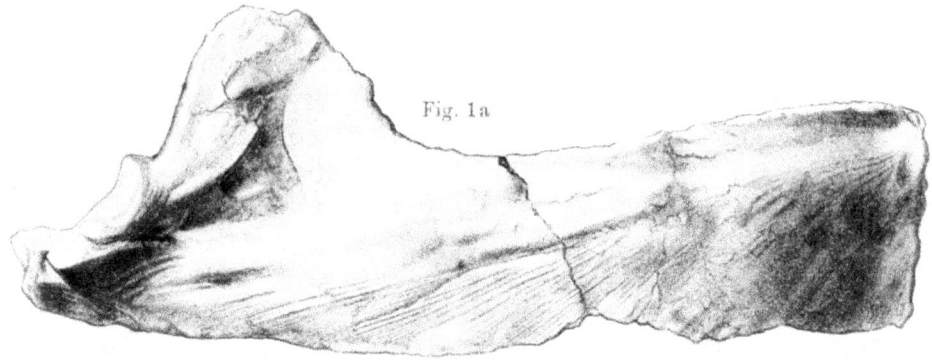

Fig. 1a

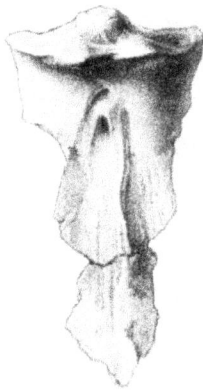

Fig. 2a

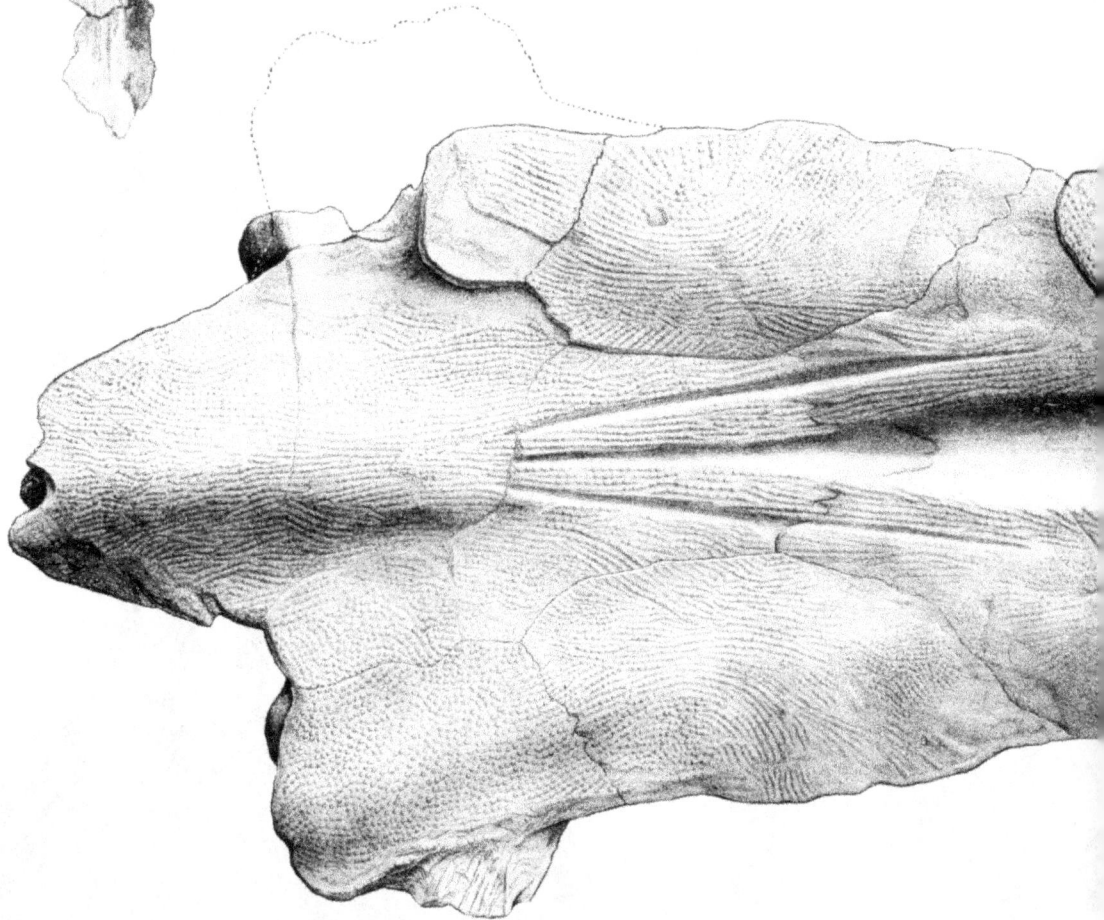

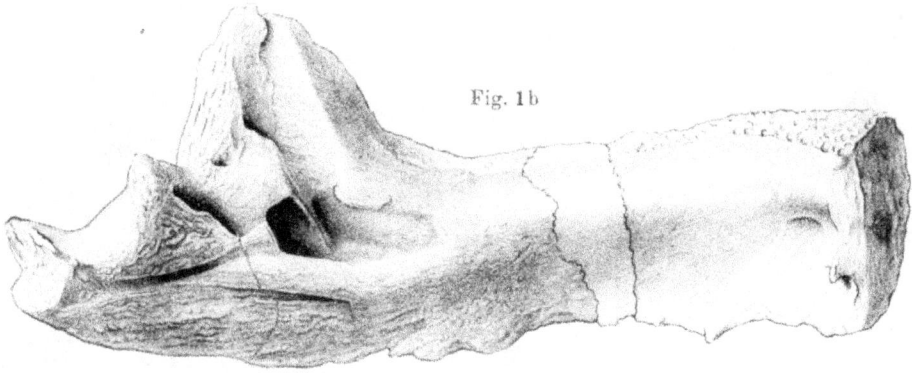

Fig. 1 b

2 b

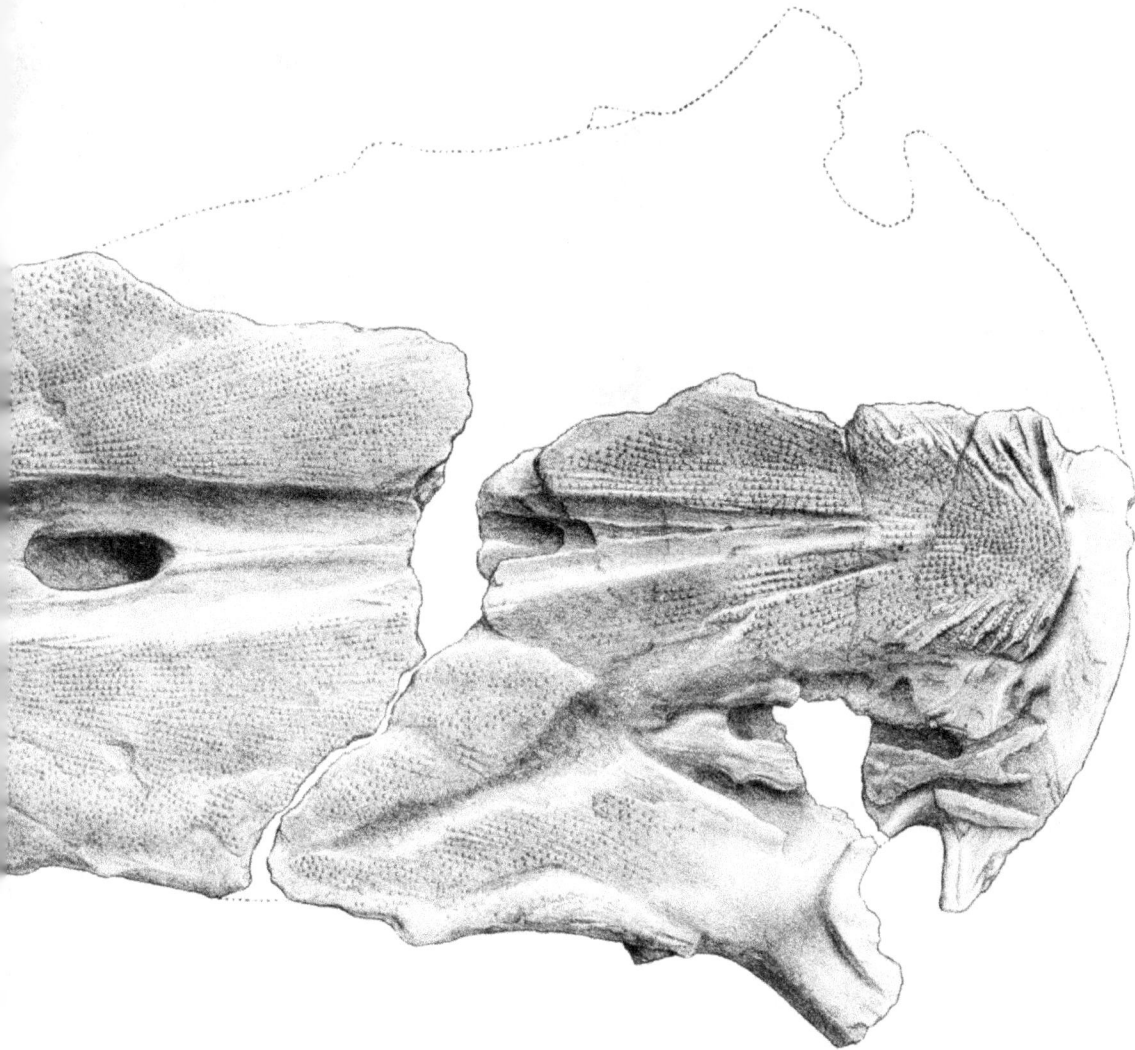

Lichtdruck J. B. Obernetter, München

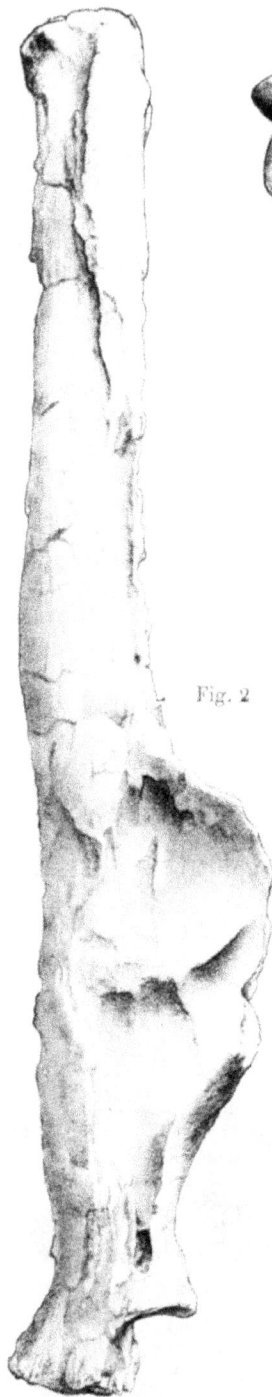

Fig. 2

Fig. 2a

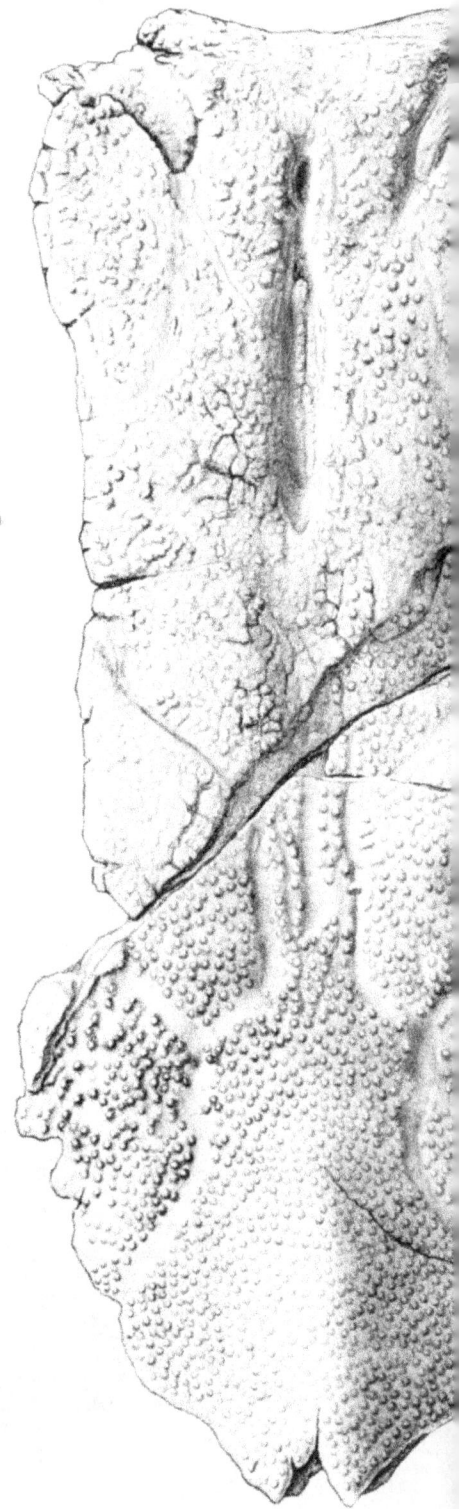

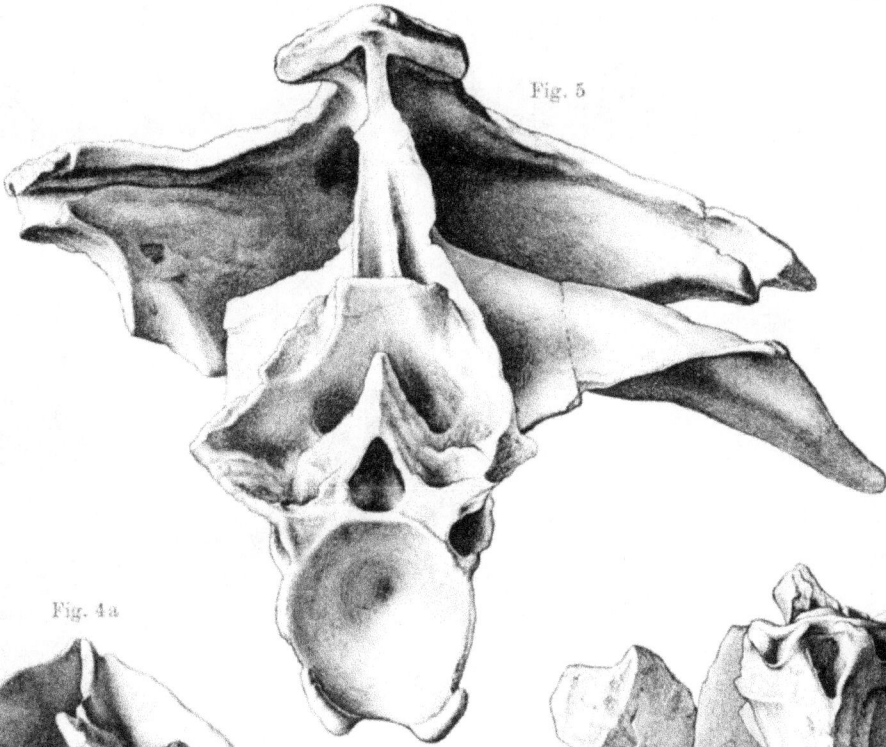

Fig. 5

Fig. 4a

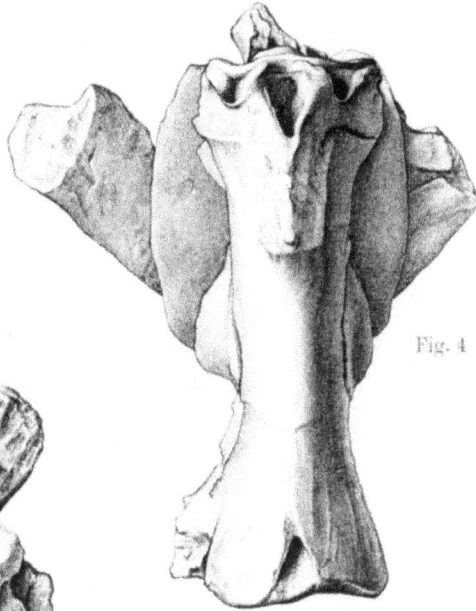

Fig. 4

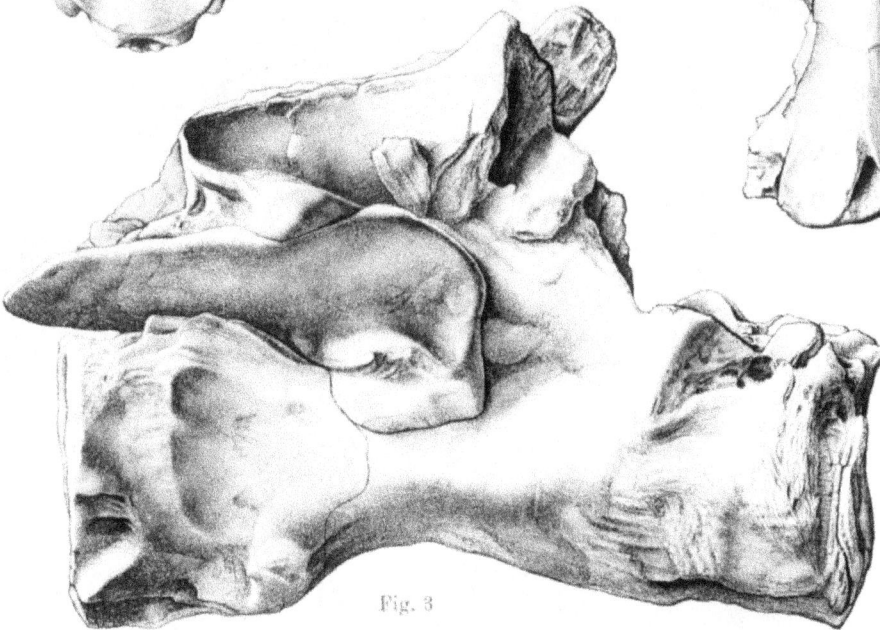

Fig. 3

Lichtdruck J. B. Obernetter, München

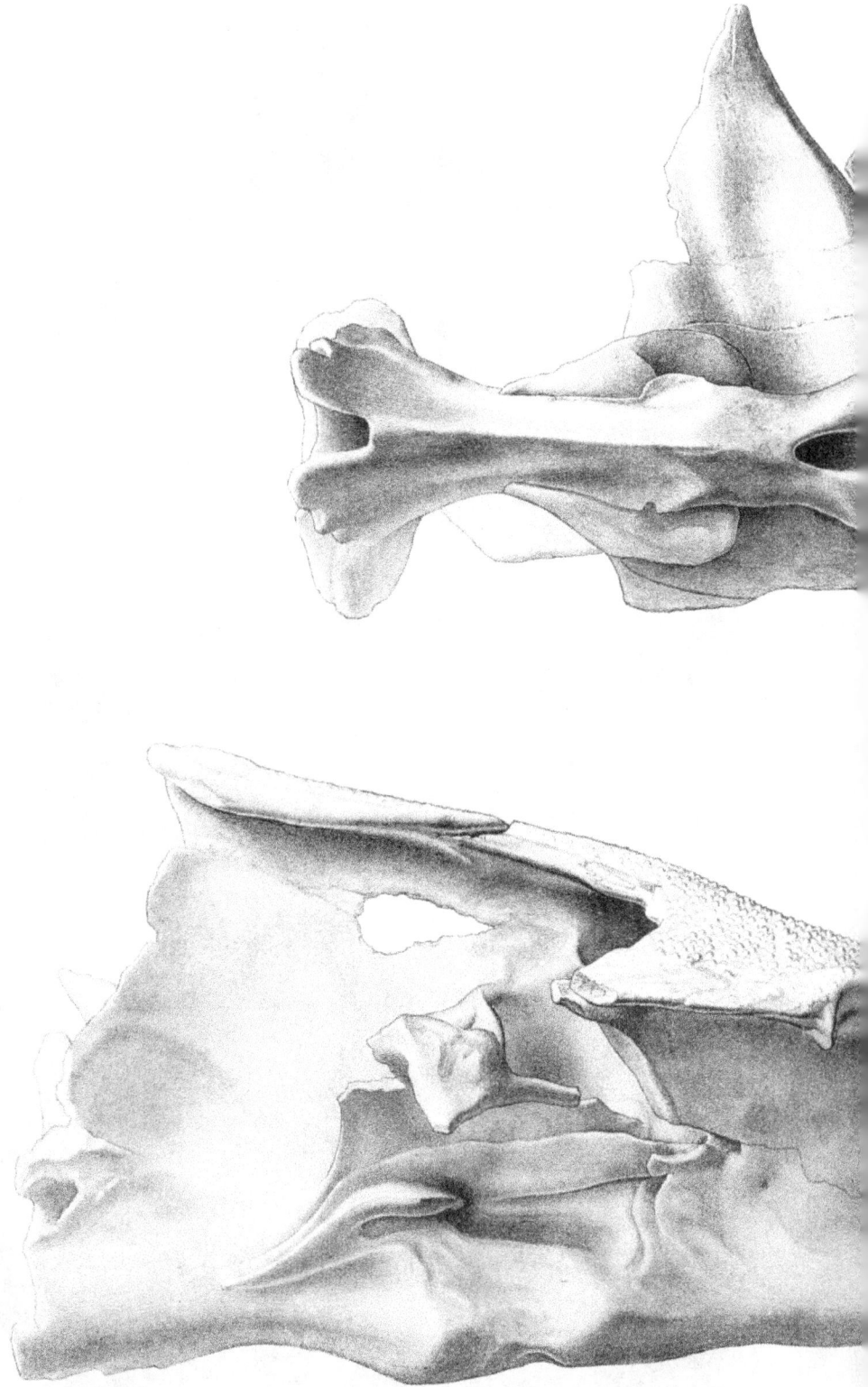

Fig. 1a

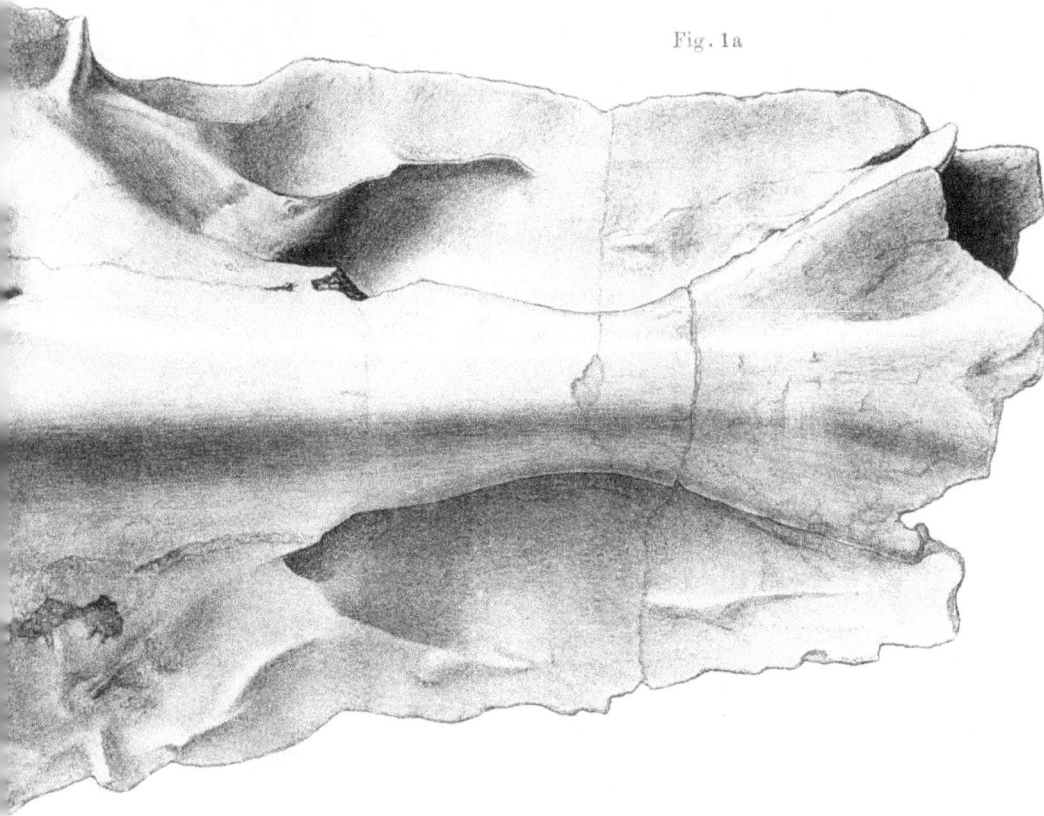

Fig. 1b

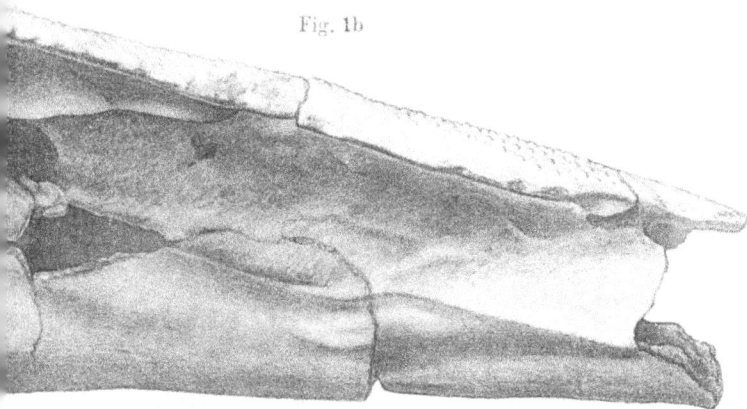

Lichtdruck J. B. Obernetter, München

Fig. 1

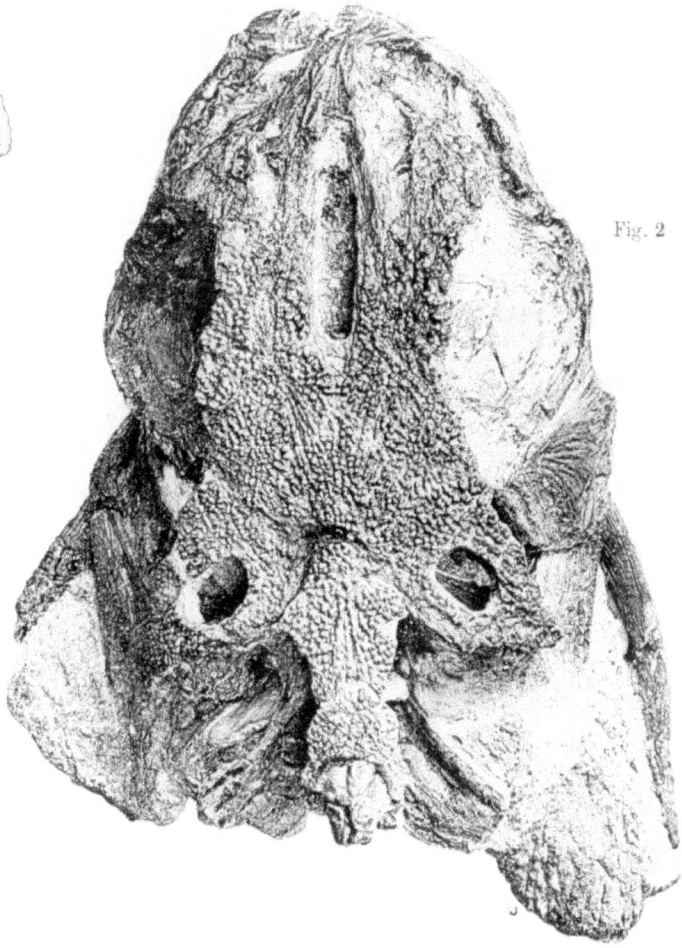

Fig. 2

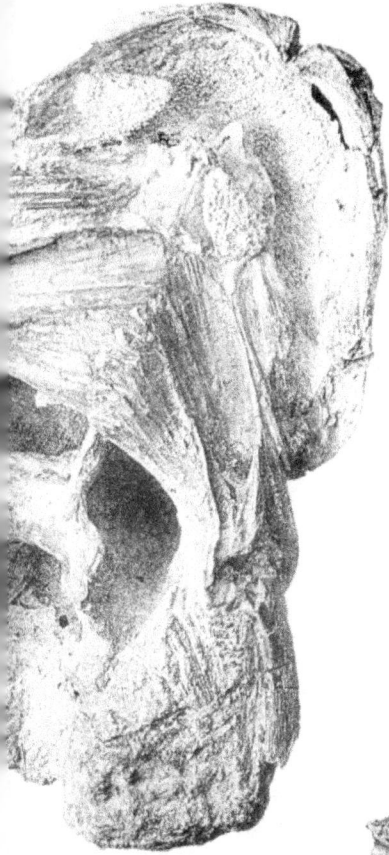

Fig. 2b

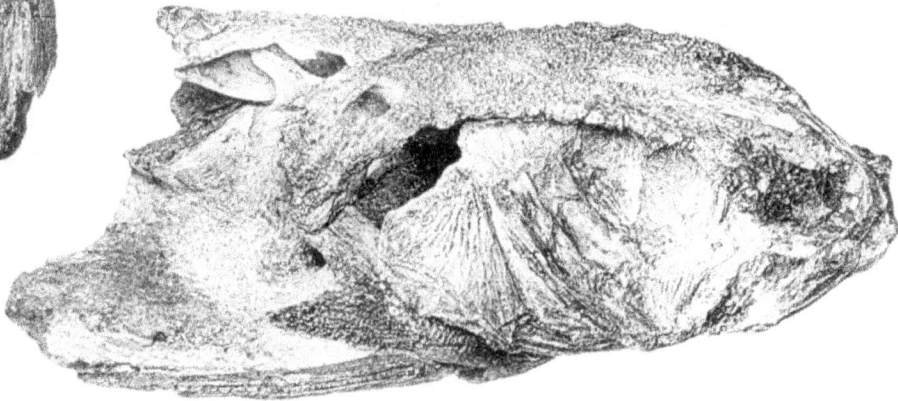

Lichtdruck J. B. Obernetter, München

www.ingramcontent.com/pod-product-compliance
Lightning Source LLC
Chambersburg PA
CBHW081430190326
41458CB00020B/6159